Fundamentals of Tailoring : Coats

专业服装设计者进阶技能,
重要细节全披露!

Fundamentals of Tailoring : Coats

·西装领外套·立翻领公主线大衣·棒球外套·风衣外套·大翻领洋装裙式外套·高领短外套
·无领半开暗门襟连袖大衣·拿破仑领连袖外套·剑领外套·丝瓜领茧型外套

郑淑玲 —————— 著

基础事典 外套制作

河南科学技术出版社

·郑州·

Prologue 前言

历经近两年的准备，这本外套打版制作书终于付梓！本书能得以顺利完成，首先要由衷感谢实践大学推广部主任姜茂顺老师和心微老师的鼓励与支持，感谢邦凤老师和惠晴老师在内容上提供的宝贵建议。

再者，要特别感谢嘉裕股份有限公司林孟丞经理和施理文科长，赞助本书外套样品所用布料，让成品质感加分，为全书增色不少。更要特别感谢负责本书打版线稿、样衣和细节缝制的团队——我的学生爱攻、晓静、秀玫、玟萱、叔凡、庭玮、麒轩、丽娟、巧宜、壬惠、蕙涵、祉伦、健伟，还有锦成样衣团队的吴宝观、吴懹臻，谢谢你们在此期间为本书付出的点点滴滴的时间与努力，谢谢你们对每一个制作细节用心把关。

谢谢模特儿马靖媛、林芝芸辛苦配合拍摄工作，二位时而优雅、时而帅气、时而活泼俏皮，将书中每件外套最美的一面都充分展现了出来。谢谢城邦麦浩斯出版团队——贝羚、安琪和今日工作室的设计新钧、怡今，在时间有限的情况下，一遍遍反复讨论、规划、编排、校对，让本书顺利出版。

最后要特别感谢支持《服装制作基础事典》和《服装制作基础事典2》的读者们，由于大家的支持，我才有动力写第三本《外套制作基础事典》，希望本书在打版与制作方面能对您有实质的帮助，让您对外套的打版制作有更进一步的了解，从而正确掌握制作外套的关键技巧，提升专业能力！

郑淑玲

目录

ents

Part 7
原型上衣打版与褶子转移应用

Part 8
10 款外套的打版制作

* 全书图片、图纸中的尺寸单位为cm，此处统一说明，不再一一标注。

*Part 8 中，文字解说序号1、2、3……对应图中序号❶❷❸……。

工具和材料

Part 1

工具介绍

打版工具

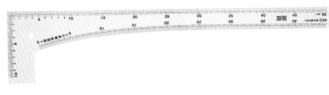

L尺

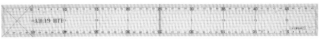

直尺 | 方格尺

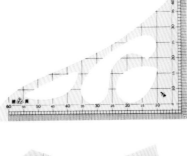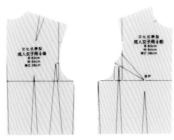

D弯尺

剪纸剪刀 | 口红胶（固体胶 ）| 铅笔 | 橡皮擦 | 缩尺 | 上衣原型版（成人女子原型版 ）

方格纸

描图纸

制图用纸（牛皮纸 | 白报纸 ）

制作工具

 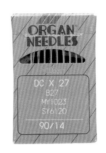 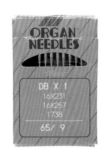

车缝针
（9号、11号、14号）

手缝针

车缝线

手缝线

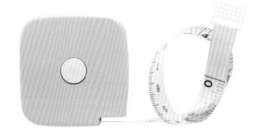

卷尺（皮尺）

棉线（疏缝线）

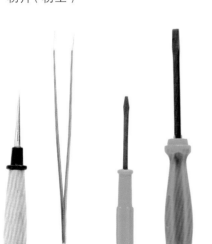 

粉片（粉土）

针插

锥子　镊子　大、小螺丝刀　点线器　拆线器

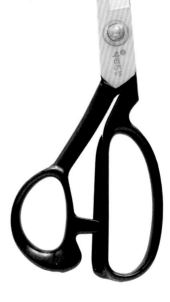

裁剪用剪刀（布剪）

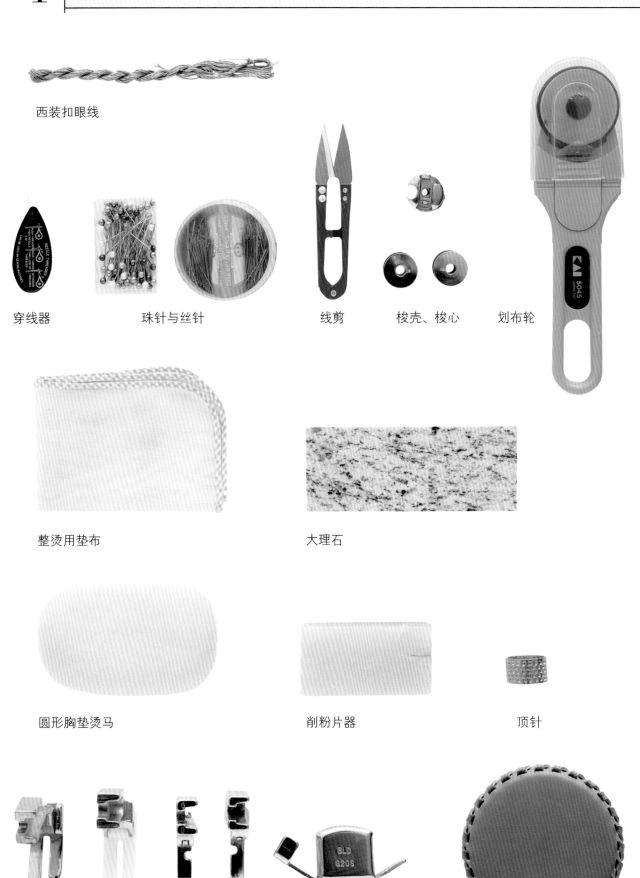

西装扣眼线

穿线器　　　　珠针与丝针　　　　　　线剪　　　梭壳、梭心　　划布轮

整烫用垫布　　　　　　大理石

圆形胸垫烫马　　　　　　削粉片器　　　　　　顶针

双叉压脚　　皮压脚　　单边压脚　　　　定规器　　镇纸

材料介绍

布料

表布

外套表布的选择，大多会视季节、设计款式、穿着目的和穿着者的喜好而定。布料有色彩、材质、布花上的不同，通常简单的款式会在布花织纹的选择上力求变化，相应地，如果设计复杂的款式，则会选择布花织纹简单一些的布料。

常用的外套布料种类：

秋冬 ——羊毛（WOOL）、扎别丁（GABARDINE）、佳绩（JERSEY）、法兰绒、毕克、粗纺织物（TWEED）、波拉（PORAL）、开司米羊毛（CASHMERE）、礼服呢（DOESKIN）、丝绒、皮革

春夏 ——印度绸、罗缎（FAILLE）、绢与化纤混纺、山东绸、塔伏塔（TAFFETA）、绉纱（CRAPE）、木棉、亚麻

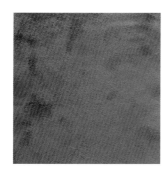  

里布

外套制作里布可提升档次。平滑的里布，不仅使外套穿脱方便，还可保护表布，增加外套的使用年限。选择里布时，应以耐磨耐洗、舒适不褪色为主要标准，但里布材质多样，还是要配合表布的特性和设计的功能来选择适当的里布。通常里布的颜色一般会选择跟表布同色系，但也可按照设计的需求来变化，比如用格纹里布来配素面表布。

常用的里布材质：人造丝、尼龙、聚酯纤维、绢、人造棉

垫肩

外套加垫肩的目的

1 **补正体型**：例如斜肩体型外套加垫肩，可以减少肩斜度、增加挺度。

2 **制作外套外形轮廓**：有时设计外套时，想要有特殊的肩线轮廓造型，可利用垫肩增加效果。

垫肩的种类

1 **有无里布包裹**：

·**有里布垫肩**：外围用里布包住，可用于无里布的外套。

·**无里布垫肩**：垫肩没有里布，适用于有里布的外套，缝制在表布和里布之间。

2 **有大小尺寸之分**：垫肩有大小之分，通常选择大小为2/3肩宽的垫肩，厚薄则依体型和设计轮廓而决定。

3 **垫肩类型说明**：

·**有里布垫肩**：适用于无里布的外套。

·**半圆形垫肩**：适用于自然肩点的袖子，或较有角度的袖子。

·**弧形垫肩**：适用于圆弧肩形的袖子。

·**长圆形垫肩**：适用于拉克兰袖，或肩点于手臂呈筒状的落肩袖。

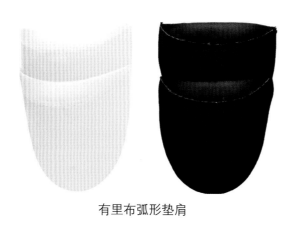

有里布弧形垫肩

有里布常规垫肩

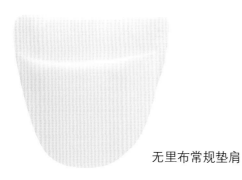

无里布常规垫肩

无里布弧形垫肩

衬

外套贴衬的目的主要在于防止表布变形，而且弥补表布不够厚挺的缺陷。

如果布料本身不易变形又相对挺括，就无须贴衬，这样可保持布料本身的特性，呈现自然的效果。

衬的选择应把握的基本原则

1　浅色布料配浅色衬，深色布料配深色衬。

2　薄布料配薄衬，厚布料配薄、厚衬皆可（配薄衬可保持布料的柔韧，配厚衬则有硬挺感）。

3　衬的种类有化纤衬、针织衬、毛衬、棉衬、麻衬、不织布衬等。依表布特性与制作目的选择适当的衬（建议在实际制作前，先用碎布试验，找出最适合的衬）。

裁衬与烫衬的注意事项

1　裁衬时的布纹方向，通常与表布布纹方向相同。

2　裁衬时是否要超出纸型完成线，与是否车缝装饰线有关。如果要车缝装饰线，衬可直接沿完成线裁，或裁小一些，在完成线内、距完成线0.2 cm裁；如果无须车缝装饰线，衬可大些，在完成线以外裁，或与缝份贴齐裁。

3　烫衬时桌面要干净平整，表布反面朝上，上面放衬，并将衬有胶的那面朝下，施力平均压烫（压烫时可在衬上放一张白报纸，以防胶粘连弄脏布料）。

4　烫衬的基本条件：熨斗温度、烫衬时间、手的压力、衬的黏性和厚度。

牵条

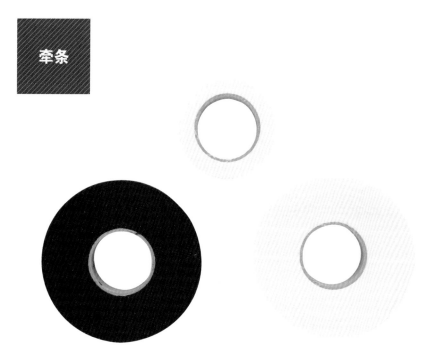

外套贴牵条的目的，是防止布料拉伸变形，还有辅助外形轮廓定型，所以制作外套时使用牵条较多。

牵条的材质和衬一样种类很多，较常用的有针织牵条和化纤牵条，应依照布料特性选择适当的牵条材质和颜色。

扣子

正扣

力扣

（反面）

袖扣

制图符号、量身方法

Part 2

快速看懂纸型

各部位名称

简称	说明文字
B ∣ BL	胸围 Bust ∣ 胸围线 Bust Line
UB	乳下围 Under Bust
W ∣ WL	腰围 Waist ∣ 腰围线 Waist Line
H ∣ HL	臀围 Hip ∣ 臀围线 Hip Line
MH ∣ MHL	腹围（中腰围）Middle Hip ∣ 腹围线 Middle Hip Line
EL	肘线 Elbow Line
KL	膝线 Knee Line
BP	乳尖点（胸高点）Bust Point
FNP / BNP	前 ∣ 后颈点 Front ∣ Back Neck Point
SNP	侧颈点 Side Neck Point
SP	肩点 Shoulder Point
AH	袖窿 Arm Hole

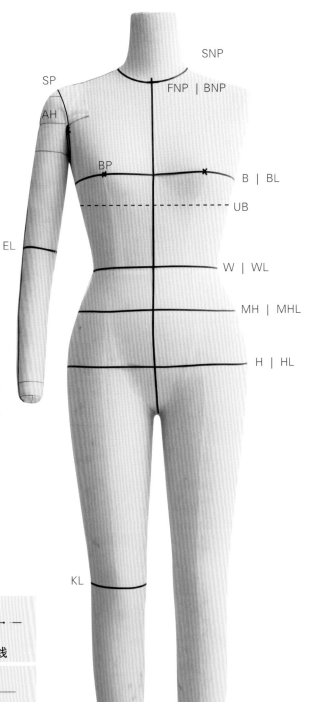

制图符号说明

直角记号	直布纹记号	斜布纹记号	贴边线
箱褶记号	纸型合并记号	折双线	折叠剪开
伸烫记号	缩缝记号	缩烫记号	单褶记号
等分记号	顺毛方向	衬布线	重叠交叉记号

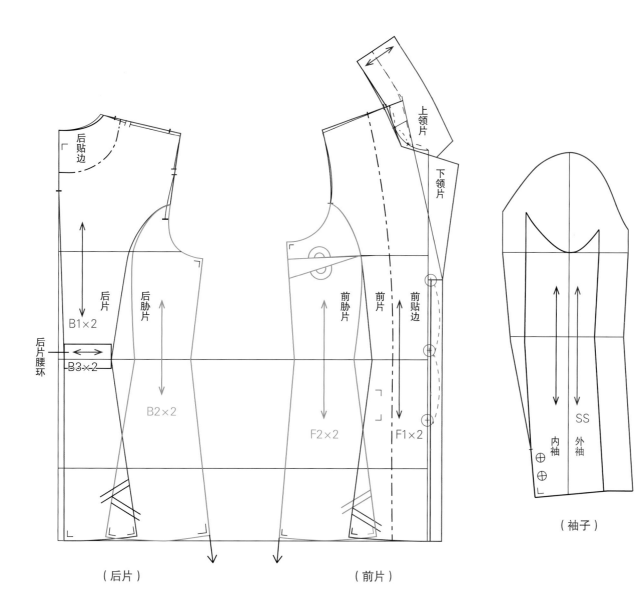

上领片

下领片

后贴边

后片

后胁片

B1×2

后片腰环

B3×2

B2×2

前胁片

前片

前贴边

F2×2

F1×2

（后片）

（前片）

内袖

外袖

SS

（袖子）

量身方法

周围量法

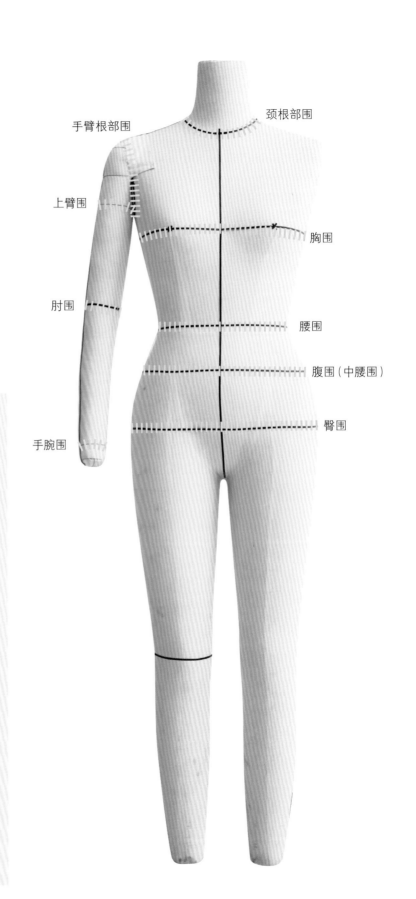

颈根部围

手臂根部围

上臂围

胸围

肘围

腰围

腹围（中腰围）

臀围

手腕围

POINT

· 量身前须准备腰围带（可用松紧带代替）、标示带、皮尺、记录本、铅笔等。

· 为求量身精确，受量者应尽量穿着轻薄合身的服装，以自然姿势站好。

· 量身者站立于受量者右斜前方为佳，并于量身前预估量身部位的顺序，在量身时也要注意观察受量者的体型特征。
（女装版型画右半身，故量身站右前方；男装版型画左半身，故量身站左前方。）

· 量身前先在被量身者身上用腰围带标出位置，再用标示带点出前颈点、侧颈点、后颈点、肩点、乳尖点、前腋点、后腋点、肘点、手腕点和脚踝点等位置。

宽度量法　　　长度量法

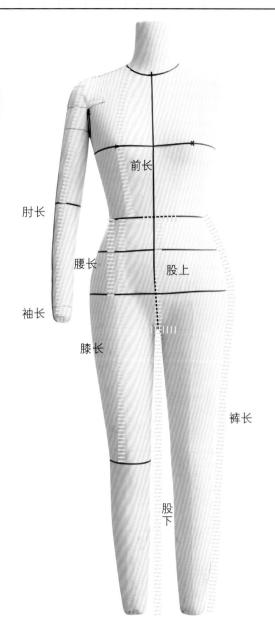

前长

肘长

腰长　股上

袖长

膝长

裤长

股下

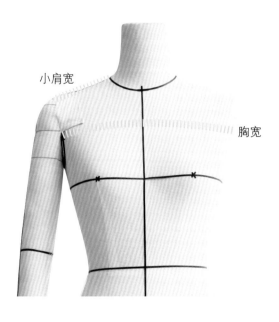

小肩宽

胸宽

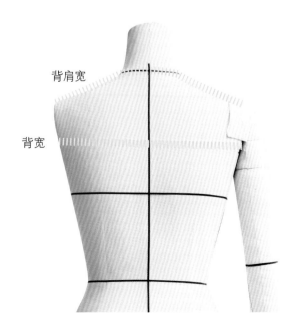

背肩宽

背宽

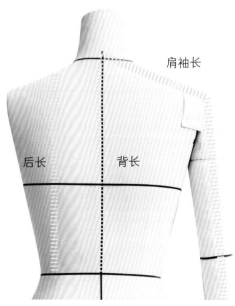

肩袖长

后长　背长

基本概念

Part 3

外套各部位
名称

上领片

下领片

立式口袋

派内尔剪接线

盖式口袋

前上片

前下片

二片袖

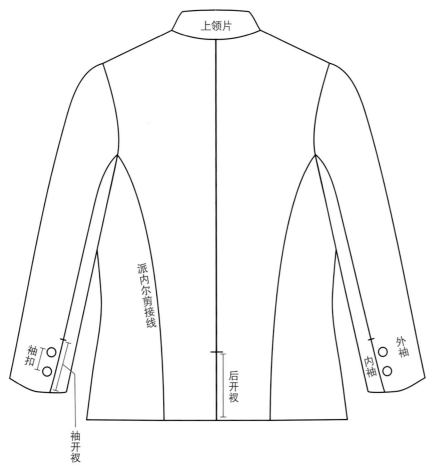

上领片

派内尔剪接线

袖扣

后开衩

外袖

内袖

袖开衩

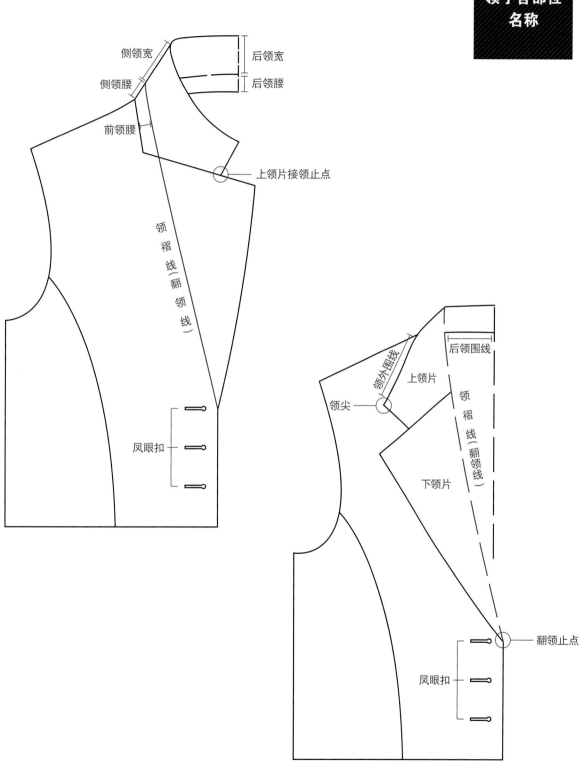

侧领宽
后领宽
侧领腰
后领腰
前领腰
上领片接领止点
领褶线（翻领线）
凤眼扣

领外围线
后领围线
上领片
领尖
领褶线（翻领线）
下领片
翻领止点
凤眼扣

**领子
种类**

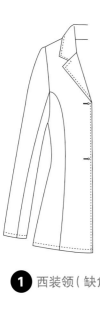

① 西装领（缺角领）

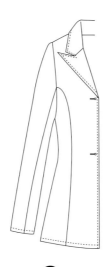

② 剑领

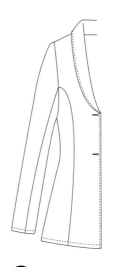

③ 丝瓜领（新月领）

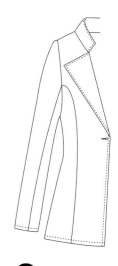

④ 立翻领（立领
加翻领）

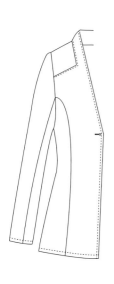

⑤ 高领

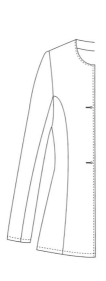

⑥ 无领

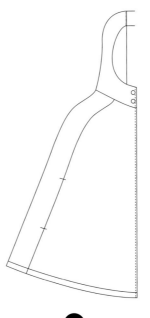

⑦ 帽领

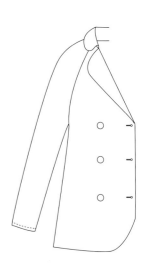

⑧ 拿破仑领

肩线名称

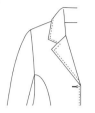

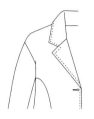

1 自然肩肩线　　**2** 有垫肩的肩线　　**3** 落肩肩线　　**4** 连肩肩线

口袋种类

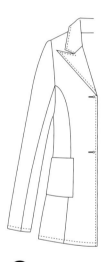

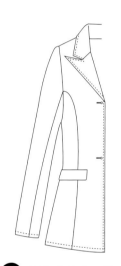

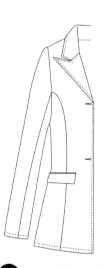

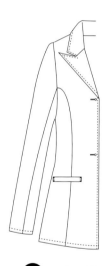

1 贴式口袋　　**2** 单滚边盖式口袋　　**3** 双滚边盖式口袋　　**4** 立式口袋

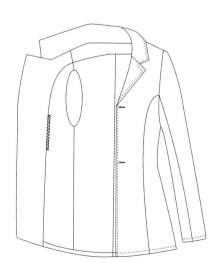

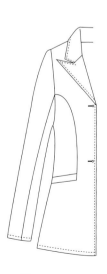

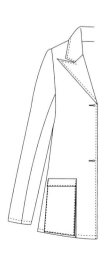

5 内贴边暗口袋　　**6** 剪接式口袋　　**7** 立条贴式口袋

袖型种类

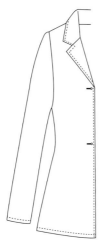

1 一片袖

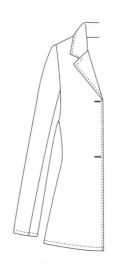

2 二片袖

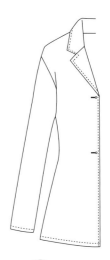

3 落肩袖

里布制作种类

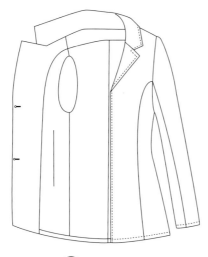

1 全里布

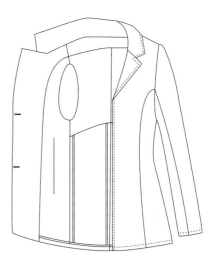

2 后身片下半无里布

外套轮廓线

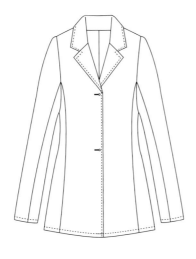

1 稍合身型

2 合腰身型

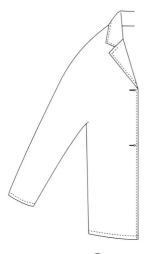

4 连袖

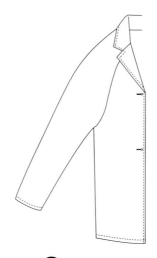

5 剪接式连袖（图为拉克兰袖）

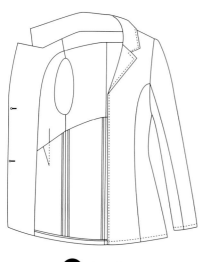

3 半里布

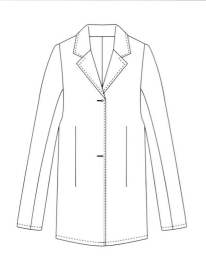

3 直筒型

4 A字型

5 茧型

打版流程一览

Part4

外套打版流程——以西装领外套为例

外套的打版流程会依款式设计的不同，而有不一样的打版顺序。本书每款
外套的打版尺寸都是为特定款式所设计的尺寸，读者可依个人体型、款式
变化、布料特性的不同而调整所有的尺寸，记得打版尺寸是可变动的而不
是固定的！下面以西装领外套打版为例，协助读者对外套打版建立初步的
完整流程概念。本例西装领外套的设计重点为：

西装领、派内尔剪接、二片袖（有袖开衩）、双滚边盖式口袋、全里布外套

基本尺寸（cm）
胸围（B）：83
腰围（W）：64
臀围（H）：92
背长：38
腰长：18
袖长：54+2
手臂根部围：36
衣长：腰围线（WL）下30～32

1 确认款式

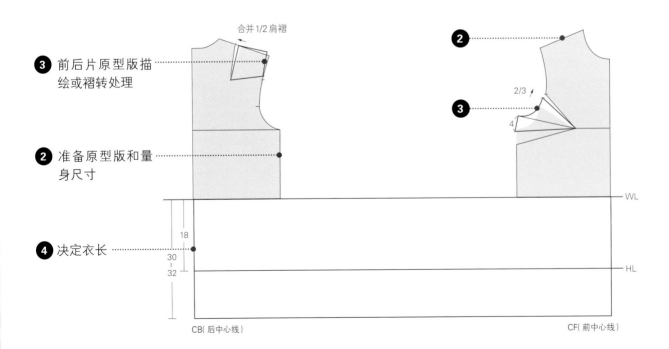

3 前后片原型版描绘或褶转处理

合并1/2肩褶

2 准备原型版和量身尺寸

2/3

4

4 决定衣长

18

30～32

WL

HL

CB（后中心线）

CF（前中心线）

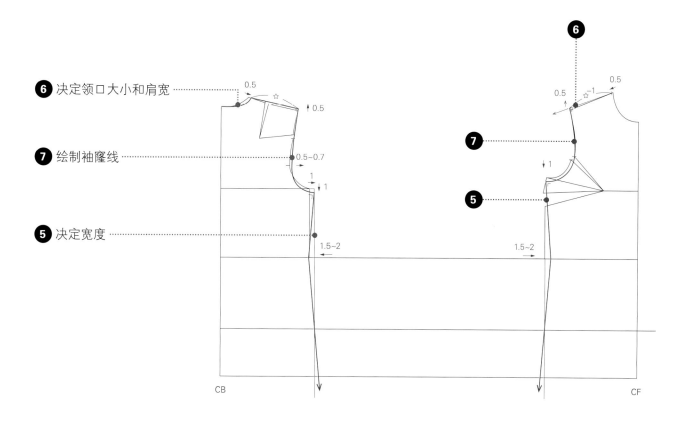

6 决定领口大小和肩宽

7 绘制袖窿线

5 决定宽度

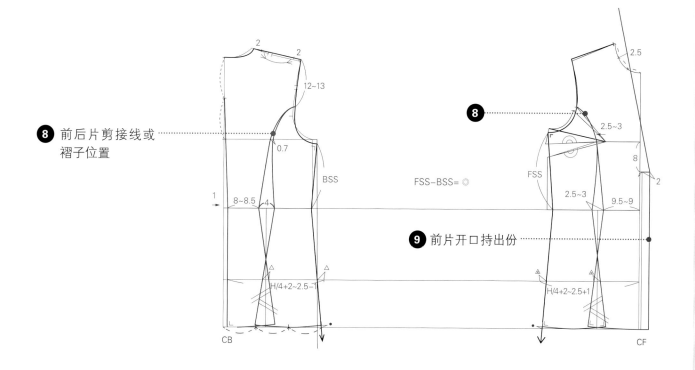

8 前后片剪接线或
褶子位置

FSS-BSS= ◎

9 前片开口持出份

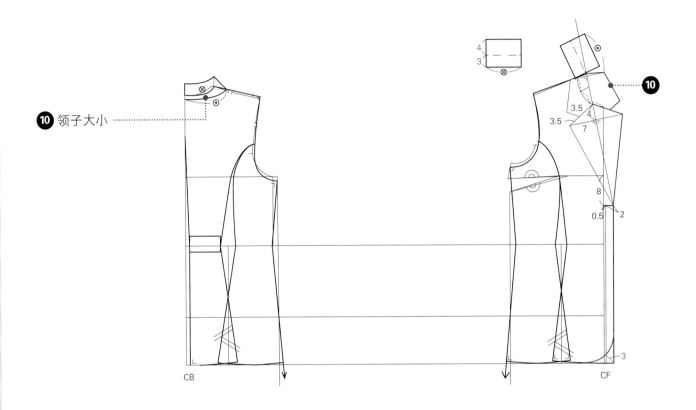

⑩ 领子大小

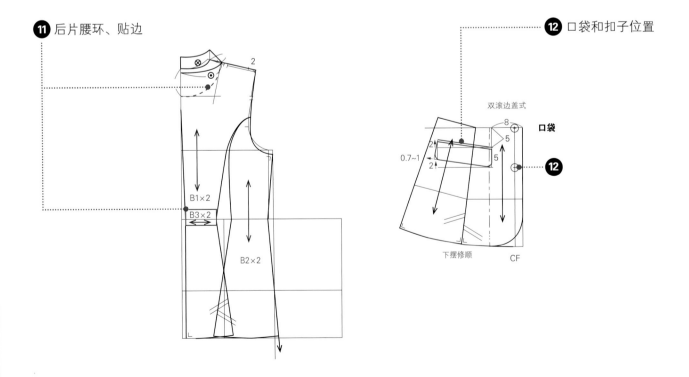

⑪ 后片腰环、贴边

⑫ 口袋和扣子位置

双滚边盖式

口袋

⑫

下摆修顺

13 口袋

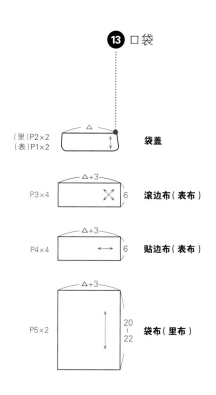

（里）P2×2
（表）P1×2 　　**袋盖**

P3×4 　　**滚边布（表布）**

P4×4 　　**贴边布（表布）**

P5×2 　　**袋布（里布）**

14 袖子（内外袖型）

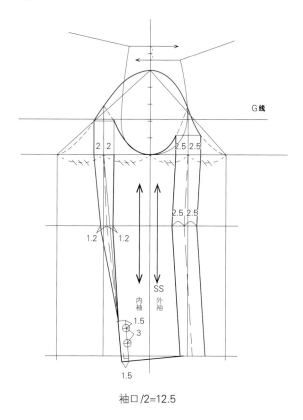

G线

内袖　外袖

SS

袖口/2=12.5

15 修版

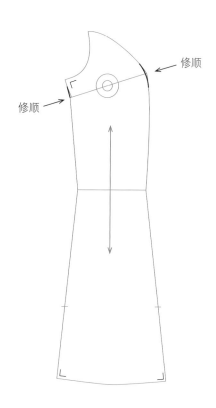

修顺

修顺

（一）衣身修版

前胁边胸褶合并后修顺线条。

（1）

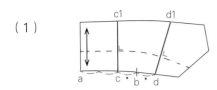

（2）

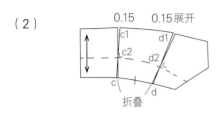

（3）

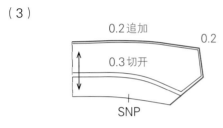

（4）

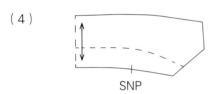

（三）前贴边修版

翻领线追加0.3 cm（领子布料翻折厚度）。

领外围追加0.2 cm，目的是使领外围车缝线往里领

退入0.2 cm。

（二）表领片修版

（1）母版上画的上领片是里领，表领比里领大，故

如下展开所需分量。

自a~b均分为三定c点，取c~b=b~d，垂直翻领线

画出c~c1，d~d1。

（2）剪开c1~c2、d1~d2，折叠c~c2、d~d2，使

得展开c1、d1宽0.15 cm（因为表领片的领腰在内

侧，故减少领腰宽份较不易起皱，而领外围线应追

加出分量使之平顺）。

（3）翻领线追加0.3 cm，为翻领时布料的厚度，领

外围追加0.2 cm，目的是使领外围车缝线往里领退

入0.2 cm（布料越厚其追加的分量就越多）。

（4）完成版：

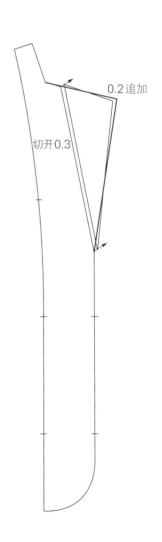

（四）袖子里布修版

里布袖下必须追加袖长不足的分量，但提高袖下线后袖窿尺寸会不足，所以需要在内外袖接线上追加不足的分量。

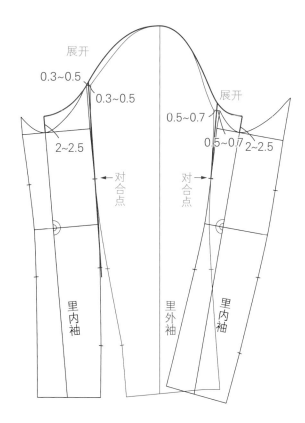

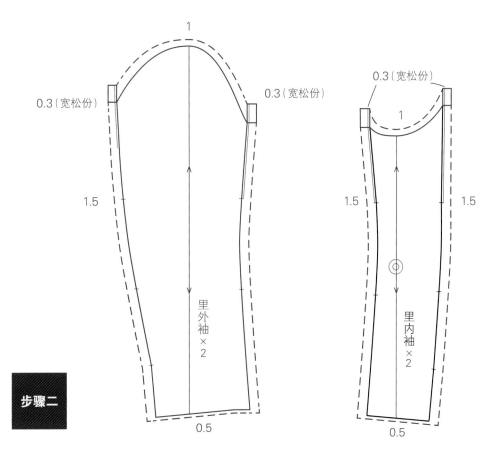

（五）对合记号

在版上做出对合记号，可使车缝时更准确。

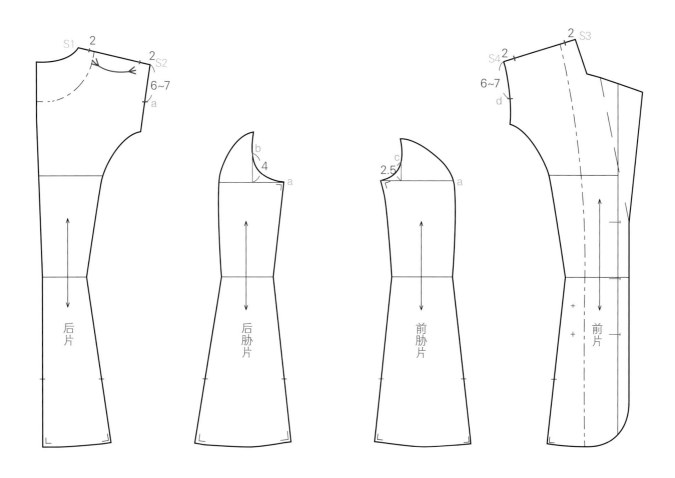

（1）**后片**：在肩线两侧入2 cm定对合点。S2往下6~7 cm定a点。

（2）**后胁片**：在胸围线往上4 cm与后袖窿交点定b点。

（3）**前胁片**：在胸围线往上2.5 cm与前袖窿交点定c点。

（4）**前片**：在肩线两侧入2 cm定对合点，S4往下6~7 cm定d点。

（5）袖子：

（a）袖山对合：

①将衣身袖窿对合点描绘出来。

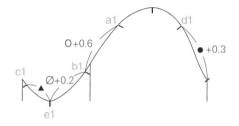

SS

②将外袖和内袖在袖山外接线上做合并，描绘
出前后袖山线，再依序做出对合记号。

前袖山： e~c= ▲ → e1~c1= ▲

　　　　　c~d= ● → c1~d1= ● +0.3（缩份）

后袖山： e~b=∅ → e1~b1=∅+0.2（缩份）

　　　　　b~a= ○ → b1~a1= ○ +0.6（缩份）

　　　　　（后袖山缩份比前袖山多）

（b）内外袖对合：

先在外袖肘线上下7 cm处定出B、B1、D、
D1，故取得B~C= ● ，B1~C1= ■ ，D~E= ▱，
D1~E1= □。

在内袖定出C2~B2=C~B，C3~B3=C1~B1，
D2~E2=D~E，D3~E3=D1~E1。

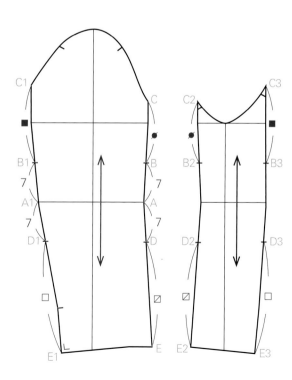

16 表布分版

衣身表布

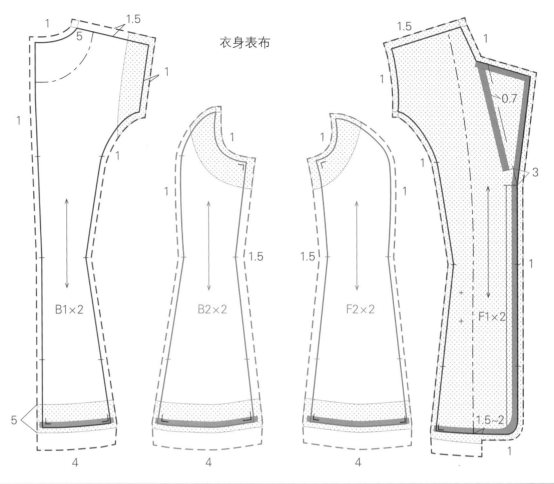

B1×2

B2×2

F2×2

F1×2

17 里布分版

衣身里布

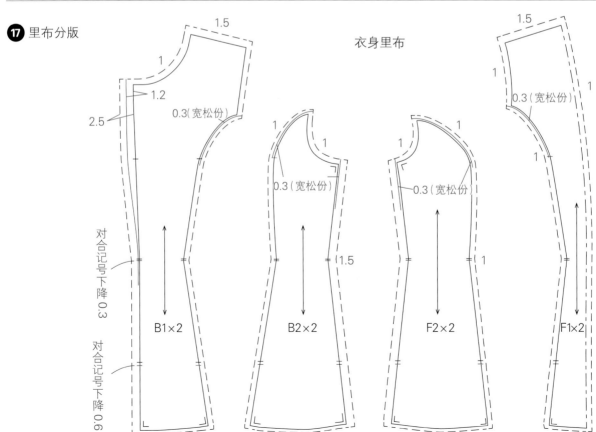

0.3（宽松份）

0.3（宽松份）

0.3（宽松份）

0.3（宽松份）

对合记号下降 0.3

对合记号下降 0.6

B1×2

B2×2

F2×2

F1×2

袖子表布

贴边

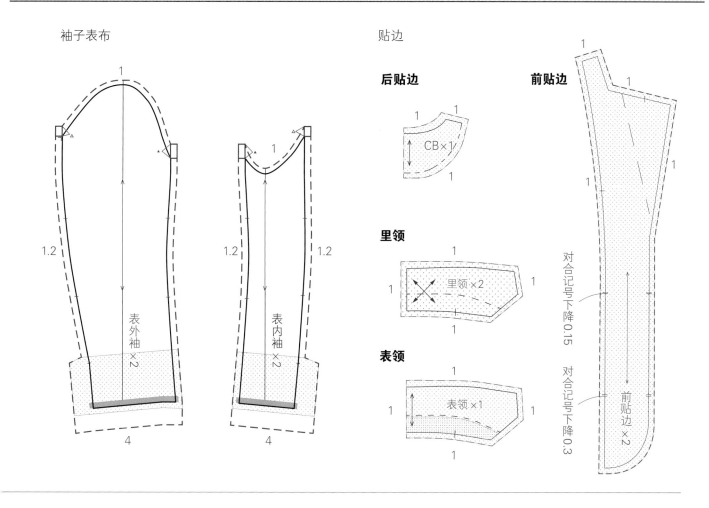

后贴边
CB×1

里领
里领×2

表领
表领×1

前贴边

1.2

表外袖
×2

4

1.2   1.2

表内袖
×2

4

对合记号下降0.15   对合记号下降0.3

前贴边
×2

袖子里布

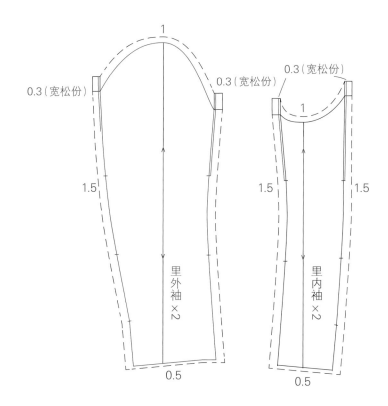

0.3（宽松份）

0.3（宽松份）

0.3（宽松份）

1

1.5

里外袖
×2

0.5

1.5   1.5

里内袖
×2

0.5

缝制流程一览

Part5

外套缝制流程——以西装领外套为例

外套的缝制流程会依款式设计或缝制方法的不同，而有不一样的缝制顺序。下面以西装领外套缝制为例，协助读者对缝制外套建立初步的完整流程概念。本例西装领外套的设计重点为：

西装领、派内尔剪接、二片袖（有袖开衩）、双滚边盖式口袋、全里布外套

缝制表布 ┄┄┄┄>

1 车缝前片派内尔剪接线，缝份倒向中心压缝装饰线。

2 车缝前片盖式口袋（有些口袋设计在胁边上，就要前后胁边先缝合，再车缝口袋。各式口袋车缝步骤请参考"Part 6各部位细节缝技巧"）。

3 车缝后片中心线，缝份烫开。

4 车缝后片腰环（此款腰环车缝固定于后片上）。

5 车缝后片派内尔剪接线，缝份倒向中心压缝装饰线。

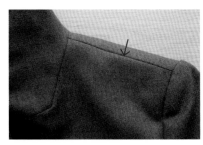

6 车缝前后片肩线，缝份烫开。

7 车缝前后片胁边线，缝份烫开。

8 里领与衣身领口车缝至接领止点，缝份烫开。

9 前后贴边肩线车缝，贴边再与表领车缝，缝份烫开。

10 贴边与衣身车缝，接领止点以上车缝表里上领片，接领止点以下车缝前片和贴边下领片。

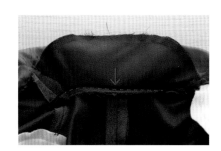

11 领子和贴边缝份修剪翻至正面后，整烫平整压装饰线（若不压装饰线，则内部缝份要做手缝处理，固定缝份）。

12 上领片的表里领缝份，要从里面车缝固定。

13 车缝袖子。内外袖车缝做袖开衩。

14 袖子与表布衣身袖窿车缝。

缝制袖山衬和垫肩

1 将袖山衬与袖窿缝份手缝固定。

2 将垫肩与表布肩线和袖窿缝份手缝固定。

缝制里布

1 车缝后片中心线和派内尔剪接线，缝份单边倒。

2 车缝前片派内尔剪接线，缝份单边倒。

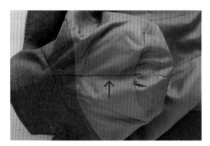

3 车缝肩线，缝份倒向后片。

4 车缝胁边，缝份倒向后片。

5 车缝袖子内外袖。

6 袖子与里布衣身袖窿缝合。

表里布缝合

1 表布贴边与里布车缝至下摆完成线上1.5~2 cm，缝份倒向里布。

2 里布肩线与垫肩手缝（星止缝）固定。

3 表里布袖下线缝份车缝一段固定。

4 表布袖口缝份手缝固定（交叉缝或0.2 cm针距回针缝）。

5 里布袖口藏针缝固定。

6 表里布袖窿下方缝份锁链缝固定。

7 前后片胁边缝份车缝一小段固定。

8 表布衣身下摆缝份手缝固定（交叉缝或0.2cm针距回针缝）。

9 里布下摆藏针缝固定。

10 另将翻领线退1~1.5cm车缝或星止缝固定前布与贴边布。

11 右衣身手缝凤眼扣眼（也可做布扣眼）。

12 左衣身手缝扣子和力扣，袖扣也缝上。

13 前片贴边里布下摆处星止缝固定。

各部位细节缝技巧

Part6

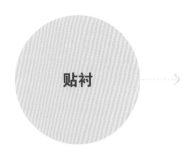

贴衬

全衬

裁片

前片 ×2（FL、FR）
胁片 ×2（SSL、SSR）
后片 ×2（BL、BR）

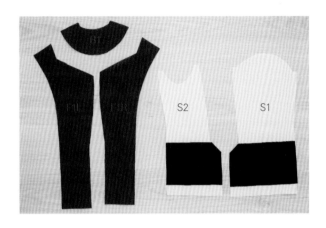

裁片

前贴边 ×2（F1L、F1R）、后贴边 ×1（B1）
外袖 ×1（S1）、内袖 ×1（S2）

⚠ 此处以内外袖各一片做示范，实际制作时内外袖
应各裁两片作为左右袖。

⚠ 为保持袖山布的柔和感，衬仅由开衩处贴至下
摆。

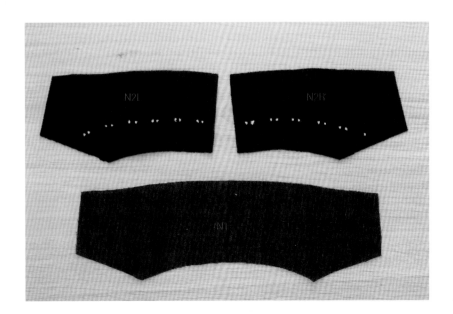

裁片

表 领 ×1（N1）+里 领 ×2（N2L、
N2R）贴全衬（表领后中心直布
纹、里领后中心正斜纹）。

贴牵条

完成线

1 牵条宽度为1~1.5 cm，贴在完成线上。前片由翻领线下0.7 cm贴牵条，自领口上端贴至翻领止点往上3 cm处。

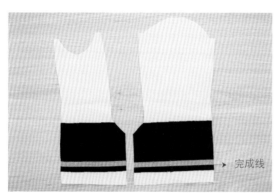

完成线

2 内外袖下摆完成线上贴牵条。

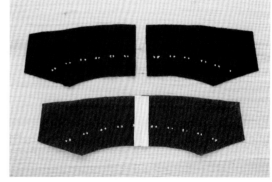

3 里领后中心车缝完成线，缝份烫开。

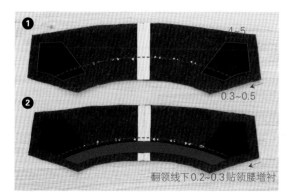

翻领线下0.2~0.3贴领腰增衬

4 ❶先在领端两侧自领外围完成线内4~5 cm贴增衬至翻领线下0.3~0.5 cm处。
❷再于翻领线下0.2~0.3 cm处贴领腰增衬至领口完成线。

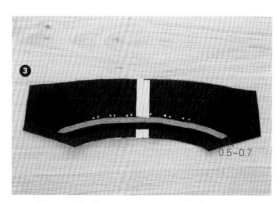

5 ❸于翻领线下0.5~0.7 cm处贴0.6~0.8 cm宽的牵条。

⚠ 一般外套制作可省略步骤❶和步骤❸，只烫步骤❷的领腰增衬。

局部衬

无里局部衬

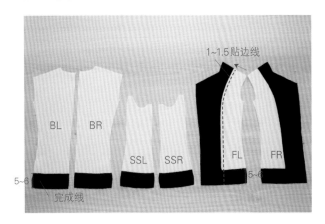

裁片

前片×2（FL、FR）、胁片×2（SSL、SSR）、后片×2（BL、BR）

⚠ 下摆衬的宽度为5~6 cm，原则上以下摆缝份往上折后，不露出布衬为佳。

⚠ 前片衬的宽度为前贴边线往内1~1.5 cm。

裁片

前贴边×2（F1L、F1R）、后贴边×1（B1）
外袖×1（S1）、内袖×1（S2）

⚠ 此处以内外袖各一片做示范，实际制作时内外袖应各裁两片作为左右袖。

贴牵条

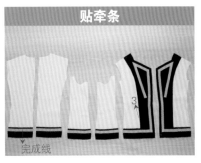

1 牵条宽度为1~1.5 cm，贴在完成线上。

2 前片由翻领线下0.7 cm贴牵条，自领口上端贴至翻领止点往上3 cm处。

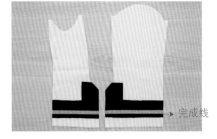

3 内外袖下摆完成线上贴牵条。

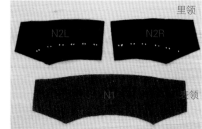

4 表里领贴全衬。（表领后中心直布纹、里领后中心正斜纹）。

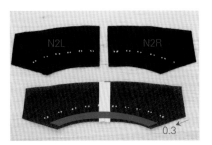

5 里领后中心车缝完成线，缝份烫开，于翻领线下0.3 cm处贴领腰增衬。

有里局部衬

有里局部衬贴法大致与无里局部衬同。仅后片上背部、胁片袖窿及前片袖窿处贴6~8 cm宽的布衬。

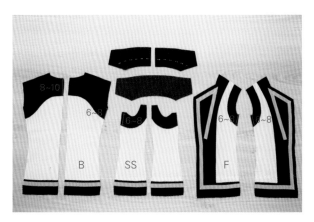

腰褶缝份处理法

牵条车褶法

裁片
前片×1（F）、牵条×1

1 褶子缝份倒向中心（适合薄布料）。

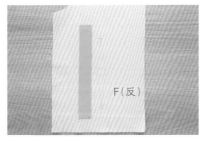

1 牵条长：褶长+3 cm，宽：2.5～3 cm。

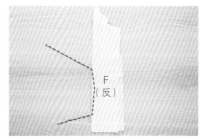

2 牵条置于褶子下方，与褶子一起车缝固定。

2 褶子缝份折中披烫后星止缝固定（适合中厚布料无里布的情况）。

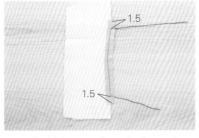

3 车缝褶子时，牵条置中，上下缝份各为1.5 cm。

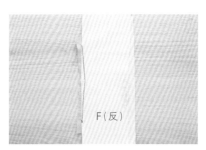

4 上下线头打结。

3 褶子缝份折中剪开披烫（适合中厚布料不易毛边且有里布的情况）。

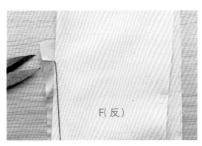

5 上下褶尖处，牵条剪牙口。

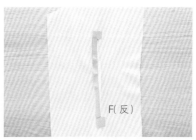

6 衣身褶子缝份倒向中心，牵条缝份倒向胁边。褶尖上下缝份烫开。

口袋

双滚边盖式口袋

裁片

前片 ×1（F）　　口袋滚边布 ×2（A、B）

表袋盖 ×1　　　袋布 ×1

里袋盖 ×1　　　贴边布 ×1

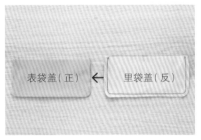

1 表里袋盖正面对正面车缝，修剪缝份，整烫，翻至正面。

⚠ 里袋盖缝份修小，表大里小，翻至正面里袋盖才能退入，正面才不会看到里布。

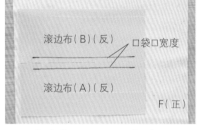

2 滚边布A、B放置在前片正面口袋位置下方和上方，车缝口袋口宽度完成线。

⚠ 注意只车缝口袋口完成宽度，不能车缝到两旁缝份。

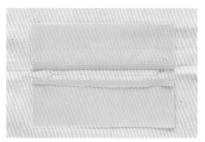

3 缝份烫开。

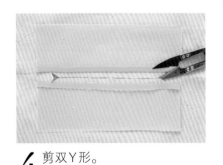

4 剪双Y形。

⚠ 注意，剪在滚边布宽的中间，滚边布翻至正面时，上下滚边宽才会一致；剪Y形时不能剪超过开口止点，不然会破洞。

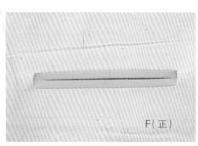

5 将滚边布翻至反面，整烫平整，烫出滚边完成宽。

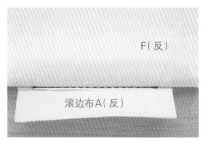

6 滚边布A反面缝份压缝固定。

⚠ 一定要固定此线，滚边布才不会开口。

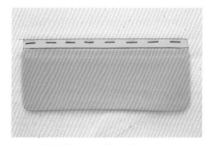

7 将袋盖置于前片滚边布B的下方假缝固定。

8 从反面缝份处压缝固定袋盖和滚边布。

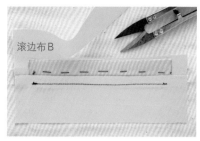

9 滚边布B缝份修剪至2cm左右。

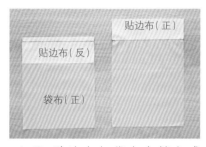

10 贴边布与袋布车缝完成线，缝份倒向袋布压缝0.1cm。

11 袋布与滚边布A车缝完成线。

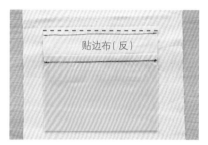

12 将贴边布往上拉至与袋盖缝份齐平，车缝完成线。

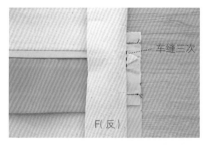

13 滚边布两侧三角布车缝固定。

⚠ 要确保车缝到口袋口左右两边三角布止点。注意！不能车缝到袋盖。

14 车缝袋布两侧固定。

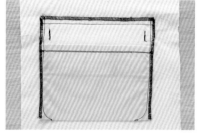

15 三边拷克（即锁边，下同）。

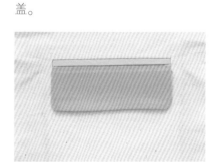

16 完成。

单滚边盖式口袋

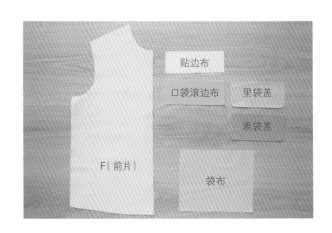

裁片

前片 ×1（F）	口袋滚边布 ×1
表袋盖 ×1	袋布 ×1
里袋盖 ×1	贴边布 ×1

1 表里袋盖正面对正面车缝，修剪缝份，整烫，翻至正面。

❗ 里袋盖缝份修小，表大里小，翻至正面里袋盖才能退入，正面才不会看到里布。

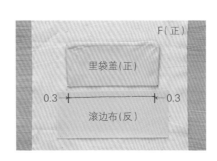

2 滚边布放置在前片正面口袋位置下方，车缝口袋口完成宽度往内0.3 cm。再将袋盖置于前片滚边布上方备用。

❗ 注意：车缝滚边布口袋口宽往内0.3 cm，目的是希望袋盖能盖住下方的滚边布。

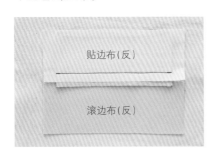

3 将贴边布放在袋盖上方，一起车缝完成线。

❗ 上下两道完成线距离约为滚边完成宽（1.2 cm+0.3 cm），1.2 cm是滚边宽，0.3 cm是袋盖与滚边布间的距离。

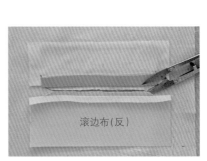

4 缝份烫开，剪双Y形。（Y形，上长下短）

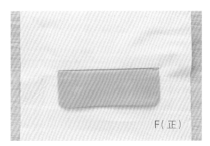

5 将滚边布和贴边布翻至反面，整烫平整。

6 从里面将滚边布缝份车缝固定，亦可从正面落机缝固定。

⚠ 一定要固定此线，滚边布才不会开口。

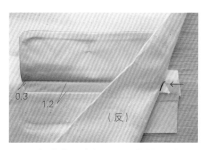

7 滚边布两侧三角布车缝固定。

⚠ 滚边布与袋盖间距约0.3 cm，减少袋盖与滚边布间布料的厚度。

8 贴边布往上翻，将袋布与滚边布车缝后，缝份倒向袋布压0.1 cm装饰线。

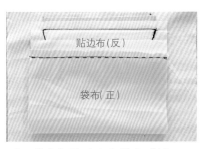

9 袋布与贴边布车缝完成线。

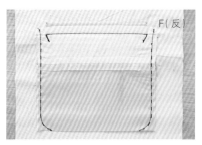

10 车缝袋布两侧固定。

11 拷克。

12 完成。

剪接式口袋

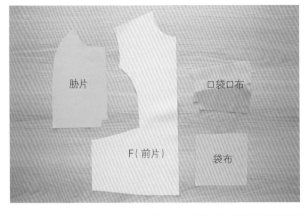

裁片

前片 ×1（F）　　　口袋口布 ×1
胁片 ×1　　　　　袋布 ×1

1 口袋口布与袋布车缝完成线，缝份倒向袋布压缝 0.1 cm。

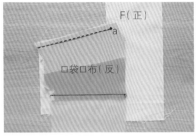

2 口袋口布与前片车缝完成线。前片衣身缝份剪牙口至 a 点。

⚠ 牙口只剪前片缝份，不能剪到口袋口布。

3 将口袋口布和袋布翻至反面整烫。

4 从里面压缝前片口袋口布的缝份。

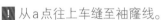

5 胁片与前片剪接线车缝完成线。

⚠ 从 a 点往上车缝至袖窿线。

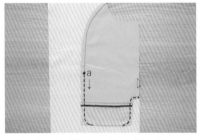

6 袋布与胁片下方车缝固定，自 a 点车至袋布。

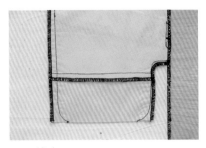

7 拷克。

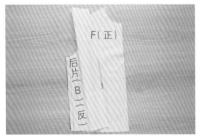

8 前后片车缝胁边。

9 完成。

立式口袋

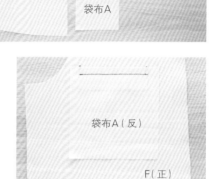

裁片

前片 ×1（F）　　袋布 ×2（A、B）
口袋口布 ×1

1 车缝口袋口布两侧，翻至正面整烫。

⚠ 口袋口布翻至正面时，左右两侧车缝线勿外露。

2 口袋口布置于前片正面口袋位置。

⚠ 口袋口布折双线朝下，缝份朝上。

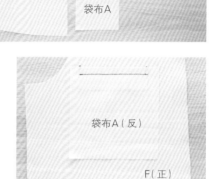

3 袋布A置于口袋口布上方，车缝口袋口完成线。

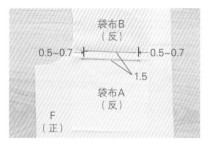

4 袋布B置于前片口袋上方车缝。

⚠ 在口袋位置上方1.5 cm处，长度比口袋口宽度往内0.5~0.7 cm。

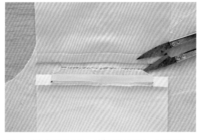

5 缝份烫开，剪双Y形。（Y形，上短下长）

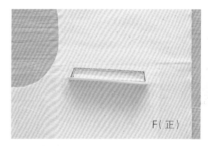

6 袋布往里面折烫，压缝0.1 cm，固定缝份。

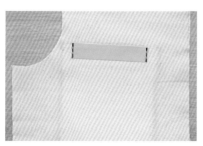

7 固定口袋口两侧车缝或两侧藏针缝。

8 袋布A和B车缝固定后拷克。

9 完成。

立式应用口袋

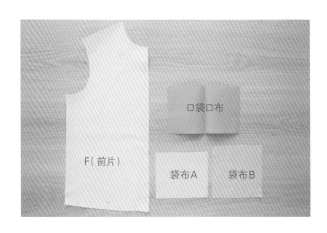

裁片

前片 ×1（F）　　　袋布 ×2（A、B）

口袋口布 ×1

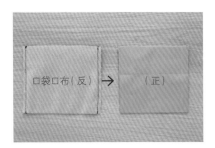

1 口袋口布折双后车缝两侧，翻至正面整烫。

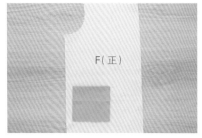

2 口袋口布置于前片正面口袋位置（口袋口布折双部位朝下）。

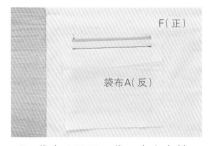

3 袋布A置于口袋口布上车缝。
❗ 只车缝口袋口完成宽度，左右缝份不车缝。

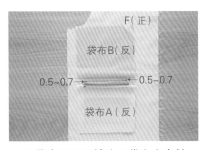

4 袋布B置于前片口袋上方车缝。
❗ 在口袋位置上方1.5 cm处，长度比口袋口宽度往内0.5~0.7 cm。

5 缝份烫开，剪双Y形。（Y形，上短下长）

6 将袋布A、B往内折烫，口袋口布外露于前片正面，袋布往里面折烫。

7 压缝0.1 cm。

▮ 布料若较厚，两侧三角布可不折入，直接被口袋口布压缝固定。

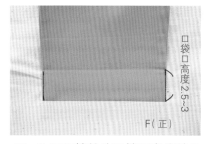

8 从反面缝份处压缝固定袋盖的口袋口高度。

▮ 往外翻袋盖不能被固定住。

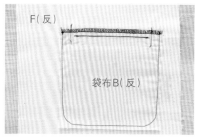

9 袋布A和B车缝固定。

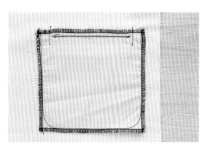

10 拷克。

11 完成。

斜向立式口袋

裁片

前片 ×1（F）　　袋布 ×2（A、B）
口袋口布 ×1

1 烫出口袋口的宽度。

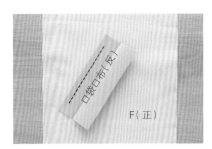

2 口袋口布置于前片正面口袋位置下方，车缝口袋口宽度完成线。

❗ 注意只车缝口袋口完成宽度，不能车缝到两旁缝份。

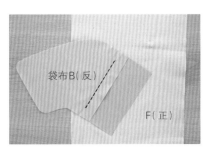

3 袋布B置于前片正面口袋位置上方，车缝口袋口宽度完成线。

❗ 如果袋布B非表布，则在袋布B上加一块表布贴边，如步骤4。

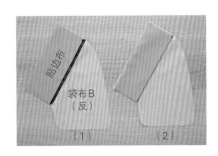

4 袋布加贴边做法。

❗（1）贴边布拷克后直接压缝在袋布B上（适合厚布料）。

❗（2）贴边布缝份折入压缝在袋布B上（适合薄布料）。

5 上下缝份烫开，剪双Y形。
❗剪Y形时，注意要刚好剪到口袋口位置点偏内一根纱线处，剪过头了容易虚边或破洞，剪不到点位翻过去布面又会起皱。

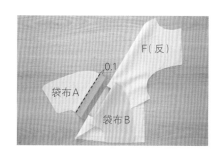

6 将袋布B和口袋口布翻至反面，缝份倒向袋布A压缝0.1 cm。

7 整烫后口袋口假缝固定。

8 口袋口布两侧缝份与袋布A车缝完成线。

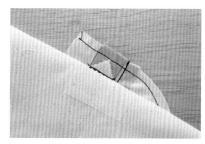

9 口袋口两侧三角布车缝固定。

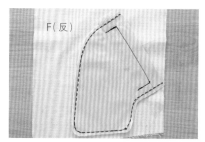

10 袋布A和袋布B车缝固定。

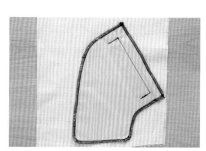

11 拷克。

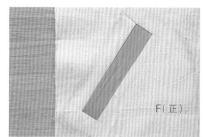

12 完成。

立条贴式口袋+袋盖

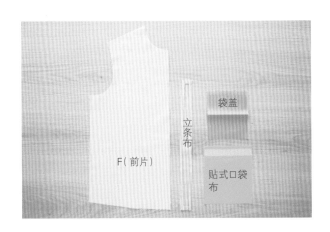

裁片

前片 ×1（F）　　　立条布 ×1

袋盖 ×1　　　　　贴式口袋布 ×1

1 袋盖折双后车缝两侧，翻至正面压缝装饰线。

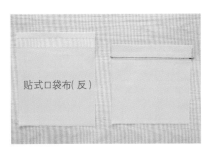

2 贴式口袋布袋口两折三层压缝装饰线。

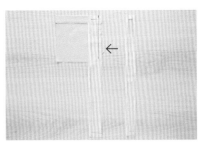

3 立条布折烫。

4 贴式口袋布与立条布车缝至a点。

5 剪牙口至a点。
❗ 牙口只剪立条布，不能剪到口袋布。

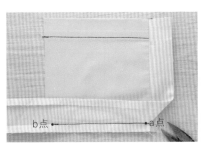

6 自a点开始车缝至b点。

7 剪牙口后自b点开始车缝至c点。

❗ 牙口只剪立条布。

8 立条布整烫后与缝份压0.1 cm。

❗ 从正面压缝0.1 cm。

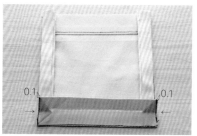

9 折烫立条布，车缝两侧0.1 cm。

10 将立条贴式口袋缝份折入，置于前片衣身口袋位置，压缝0.1 cm。

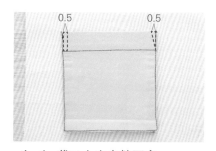

11 袋口上方车缝固定。

❗ 可以选择车缝长方形或倒三角形。

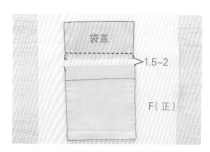

12 袋盖置于前片袋盖位置。

❗ 车缝时，袋盖与口袋距离为1.5~2 cm，可依设计调整尺寸大小。

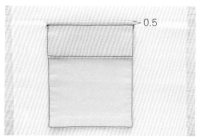

13 车缝后在表面车装饰线固定。

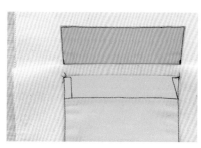

14 完成。

暗口袋

袋口装饰布

里布　F（前片）　袋布A　袋布B

裁片

前片×1（F，贴边连裁）　袋布×2（A、B）
里布×1　　　　　　　　袋口装饰布（可用布边或
　　　　　　　　　　　　组织密度高的织带）×1

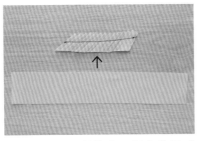

1 折烫袋口装饰布，斜向整烫成三角布，车缝1.2~1.5 cm固定。

❗ 完成长度为口袋口长度。

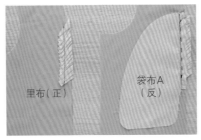

里布（正）　袋布A（反）

2 袋口三角布置于里布上假缝固定，袋布A置于袋口布上，三层一起车缝完成线外0.1 cm。

❗ 注意三角布外露的部分宽度要一致，完成宽为0.7~1 cm。

袋布A（正）

3 将袋布A往外整烫。

F　贴边（反）　袋布A

4 前片贴边与里布车缝完成线（口袋口处不车缝）。

❗ 注意不能车到袋布A。

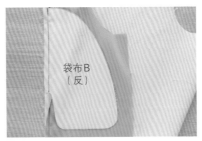

袋布B（反）

5 袋布B与贴边车缝完成线。

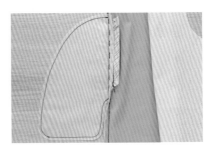

6 袋布A、B车缝完成线。

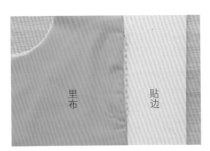

里布　贴边

7 完成。

有里贴式口袋

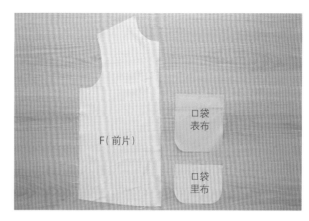

F（前片）

口袋表布

口袋里布

裁片

前片×1（F）、口袋表布×1、口袋里布×1

口袋里布（反）

口袋表布（正）

1 口袋表里布缝合。

（正）

2 缝份倒向里布压0.1 cm。

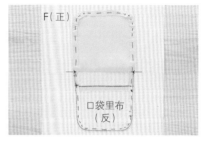

F（正）

口袋里布（反）

3 将口袋表里布的圆角烫缩，缝份折烫，里布置于前片口袋位置，压缝0.1 cm固定。

▮ 里布要比完成口袋尺寸小0.2 cm左右。待口袋表布盖下时，里布才不会外露。

4 车缝法：口袋表布盖住里布，沿边压缝一道固定表布。

（方法一）

5 手缝法：口袋表布盖住里布，沿边藏针缝固定表布。

（方法二）

▮ 注意里布不能外露。

领子

西装领

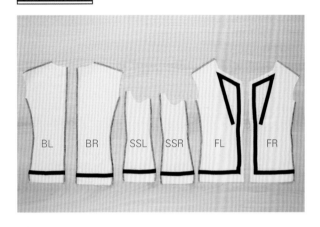

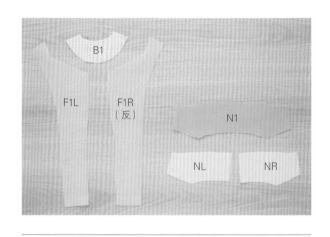

裁片
后片 ×2（BL、BR）　　前片 ×2（FL、FR）
胁片 ×2（SSL、SSR）

裁片
前贴边 ×2（F1L、F1R）　　表领 ×1（N1）
后贴边 ×1（B1）　　里领 ×2（NR、NL）

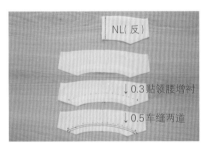

1 里领后中心车缝，缝份烫开。

2 翻领线下0.3 cm处贴领腰增衬，于翻领线下0.5 cm处车缝两道固定。

3 后片＋胁片＋前片车缝，缝份烫开。

4 前后肩线车缝，缝份烫开。

5 里领与衣身领口缝合，车缝至接领止点（1 cm缝份不车缝）。

6 缝份烫开，里领缝份千鸟缝。

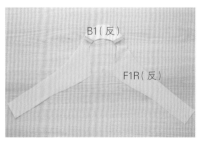

7 前后片贴边肩线车缝，缝份烫开。

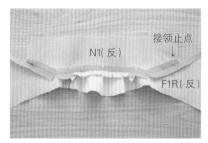

8 贴边与表领车缝，车缝至接领止点（1 cm缝份不车缝）。

9 表领与里领对合，在接领止点处，缝份立起，对合4点手缝固定。

⚠ 注意：缝合时将缝份立起，要绕过缝份，不能缝到缝份。

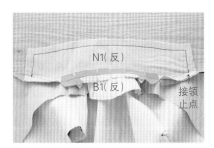

10 表里领外缘线车缝（接领止点以上表里领缝合，接领止点以下，下领片贴边与前片缝合）。

11 翻领止点以下缝份倒向贴边千鸟缝。

12 翻领止点以上缝份倒向衣身，以千鸟缝固定。

13 后贴边内将缝份车缝固定。

⚠ 贴边缝份和衣身领口缝份车缝于完成线外0.2 cm处。

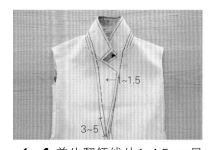

14 前片翻领线外1~1.5 cm星止缝或车缝固定（目的是将前片与贴边固定）。

⚠ 车缝于翻领止点上3~5 cm处。

15 完成。

剑领

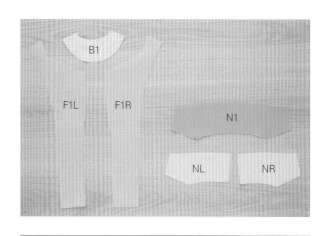

裁片

后片 ×2（BL、BR） 前片 ×2（FL、FR）

胁片 ×2（SSL、SSR）

裁片

前贴边 ×2（F1L、F1R） 表领 ×1（N1）

后贴边 ×1（B1） 里领 ×2（NL、NR）

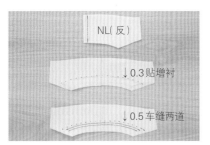

1 里领后中心车缝，缝份烫开，翻领线下0.3 cm处贴增衬，并且于翻领线下0.5 cm处车缝两道固定。

 与西装领同。

2 左右后片车缝，缝份烫开。前后肩线车缝，缝份烫开。

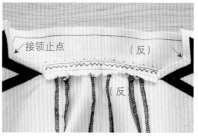

3 里领与衣身领口缝合，车至接领止点，缝份烫开，里领缝份千鸟缝。

4 前后片贴边肩线车缝，缝份烫开。贴边与表领车缝，车缝至接领止点。

5 表领与里领正面对正面固定后中心。

6 表领与里领对合，在接领止点处，缝份立起，对合4点手缝固定。

 注意：缝合时将缝份立起，要绕过缝份，不能缝到缝份。

7 表里领外缘线车缝（接领止点以上表里领缝合，接领止点以下，下领片贴边与前片缝合）。

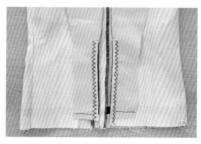

8 贴边下摆缝份修剪。

9 翻至正面前，前中心缝份千鸟缝（翻领止点以上缝份倒向前片，翻领止点以下缝份倒向贴边）。亦可车缝装饰线。

10 后贴边内将缝份车缝固定（贴边缝份和衣身领口缝份车合）。

11 前片翻领线外1~1.5 cm星止缝或车缝固定（目的是将前片与贴边固定）。

12 完成。

丝瓜领

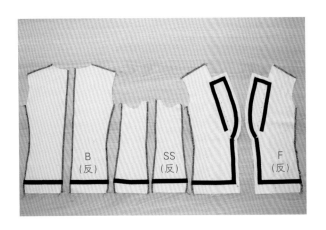

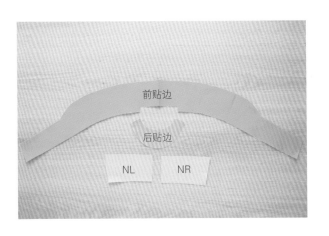

裁片

后片 ×2（B） 前片 ×2（F）

胁片 ×2（SS）

裁片

前贴边 ×1 里领 ×2（NL、NR）

后贴边 ×1

1 车缝里领后中心线，缝份烫开。

2 贴增衬，于翻领线下0.5 cm处车缝两道固定。

3 后片和胁片车缝，缝份烫开。

4 前片和后片肩线车缝，缝份烫开。

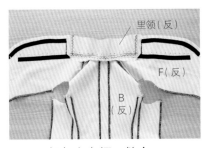

5 里领与衣身领口缝合。

6 缝份烫开，里领缝份千鸟缝。

7 前后片贴边肩线车缝，缝份烫开。

8 衣身与贴边对合，车缝领外围线。

9 缝份千鸟缝固定。

10 后贴边内将缝份车缝固定（贴边缝份和衣身领口缝份车合）。

11 车缝胁片与前片，缝份烫开，处理下摆。

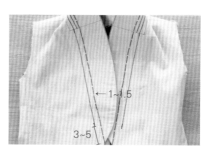

12 前片翻领线外1~1.5 cm星止缝或车缝固定（目的是将前片与贴边固定）。

13 完成。

有后贴边立翻领

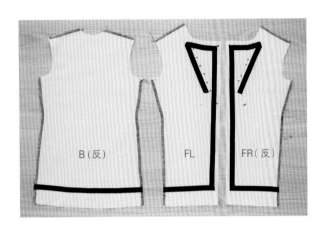
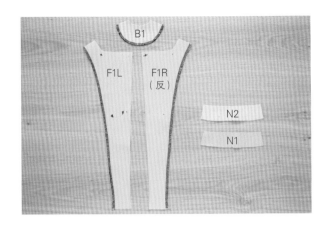

裁片
后片 ×1（B）
前片 ×2（FL、FR）

裁片
后贴边 ×1（B1）　　　表领 ×1（N1）
前贴边 ×2（F1L、F1R）　里领 ×1（N2）

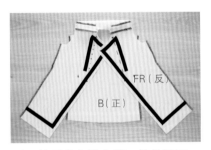

1 前后片肩线车缝，缝份烫开。

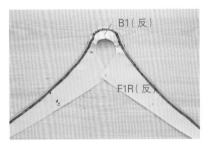

2 贴边肩线车缝，缝份烫开。

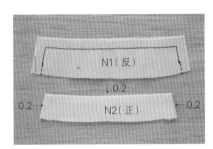

3 立领表里领车缝，翻至正面。
注意：里领要退入 0.2 cm，从正面不能看到里领。

4 贴边与前片前中心车缝。

5 立领置于衣身与贴边领口之间。
注意：里领朝上。

6 自领口a点车缝至b点，并打开牙口整烫接合胁边，缝份烫开。

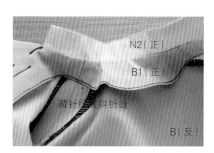

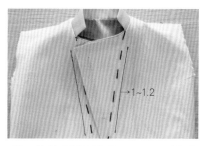

7 领口贴边往下翻烫后，贴边在肩线处藏针缝或斜针缝。

8 前片翻领线外1~1.2 cm星止缝或车缝固定（目的是将前片与贴边固定）。

9 完成。

无后贴边立翻领

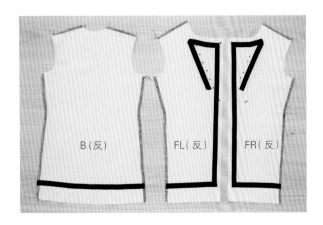

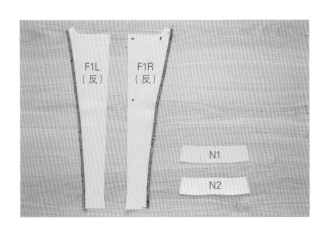

裁片
后片 ×1(B)
前片 ×2(FL、FR)

裁片
前贴边 ×2(F1L、F1R)　　里领 ×1(N2)
表领 ×1(N1)

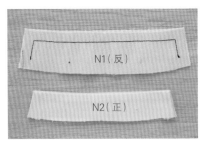

1 立领表里领车缝，翻至正面。

2 前贴边与前片前中心车缝至接领止点。

3 前中心缝份修剪后手缝固定(翻领止点以上缝份倒向前片，翻领止点以下缝份倒向贴边)。

4 前后片肩线车缝，缝份烫开。

5 立领置于衣身，里领朝上。

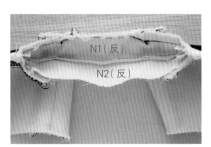

6 表领与衣身领口车缝至接领止点，里领与贴边车缝至接领止点。

7 自接领止点起以内的后领口剪牙口。

❗ 接领止点处一定要剪一刀牙口。

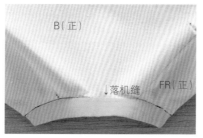

B（正）

↓落机缝 FR（正）

8 领口缝份往上倒，自表领落机缝固定里领缝份。

1~1.2

9 车缝胁边、下摆，前片翻领线外1~1.2 cm星止缝或车缝固定。

10 完成。

罗纹领

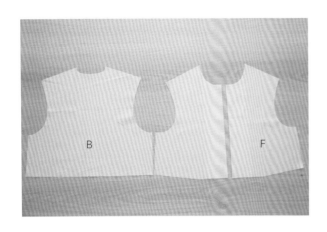

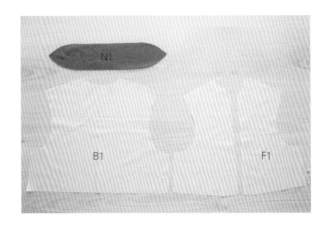

裁片
表布前片 ×2（F，贴边连裁）
表布后片 ×1（B）

裁片
里布前片 ×2（F1）　　　　领子 ×1（N1）
里布后片 ×1（B1）

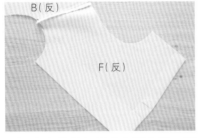

1 表布前片与后片车缝肩线，缝份烫开。

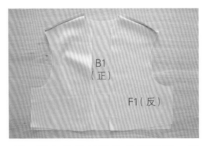

2 里布前片与后片车缝肩线，缝份倒向后片。

3 表布前片贴边与里布前片缝合。

4 领子折双，假缝固定。

5 将领子置于表布领口上。

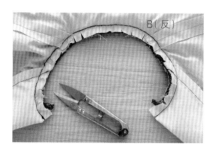

6 再将里布置于领子上，三层车
缝完成线，缝份剪牙口。

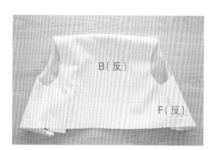

7 表布胁边车缝，缝份烫开。

8 里布胁边车缝，缝份烫开。

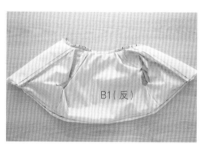

9 表里布正面对正面车缝下摆。

10 翻至正面，完成。

11 罗纹领接在前中心上。

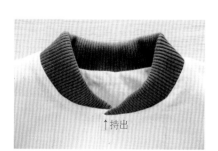

12 罗纹领接在持出上。
（另一种做法：罗纹领接至
持出位置）。

拿破仑领

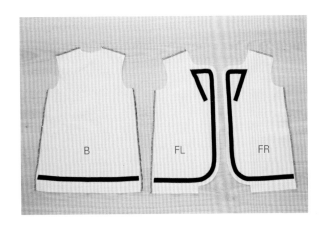

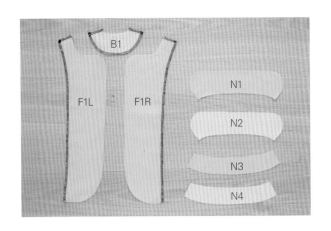

裁片
后片×1（B）
前片×2（FL、FR）

裁片
后贴边×1（B1）　　　　　领台×2（N3、N4）
前贴边×2（F1L、F1R）　　领片×2（N1、N2）

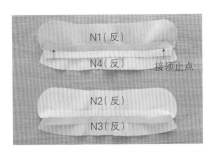

1 表领片（N1）+里领台（N4）车缝至接领止点，缝份烫开。

2 里领片（N2）+表领台（N3）车缝至接领止点，缝份烫开。

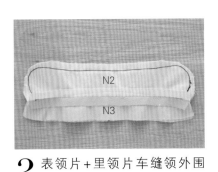

3 表领片+里领片车缝领外围线。

❗ 车缝时请翻开领片与领台的缝份。

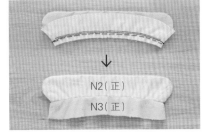

4 表领台+里领台车缝领子中心线后再往下翻烫。

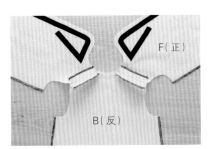

5 前后片肩线缝合，缝份烫开。

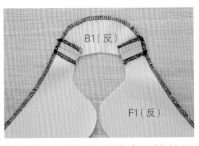

6 前后贴边肩线缝合，缝份烫开。

7 前片衣身+贴边，自接领止点车缝至下摆。

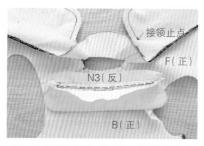

8 表领台与衣身领口接缝（由后中心往两边车缝至接领止点）。

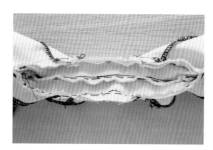

9 里领台与贴边接缝（由后中心往两边车缝至接领止点）。

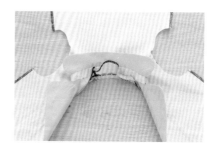

10 领口缝份剪牙口，深度约为1/2缝份宽。领台缝份各自烫开，车缝领口贴边与衣身缝份。

11 压缝领外围装饰线。

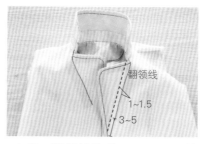

12 翻领线往外1~1.5 cm压缝贴边与衣身，车缝至距离翻领止点3～5 cm处。

13 贴边肩线与衣身肩线手缝固定，或落机缝固定。

14 完成。

袖开衩

有里袖

裁片

表外袖×1（S1）　　　里外袖×1（S3）

表内袖×1（S2）　　　里内袖×1（S4）

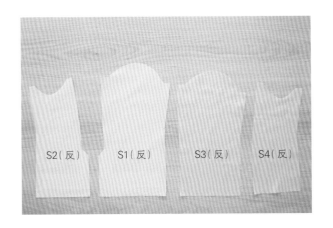

S2（反）　S1（反）　S3（反）　S4（反）

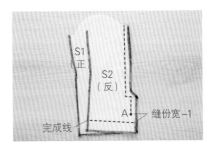

1 表内外袖缝合，车缝至A点。A点即自下摆完成线往上缝份宽减1 cm处。例如：下摆缝份宽为4 cm，则A点在下摆完成线上3 cm处。

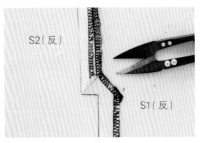

2 表内袖S2缝份剪牙口。

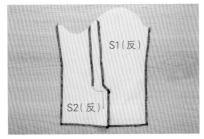

3 衩止点以上缝份烫开，以下缝份倒向外袖（S1）。

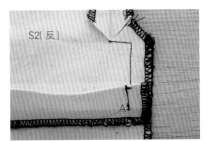

4 内袖口缝份车缝I形至止点（A点）。下摆缝份留1 cm不车缝。

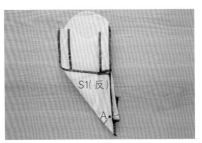

5 外袖口车缝45°至止点（A点）。

6 修剪缝份后翻至正面。
！ 注意！内外袖开衩处皆要车缝至A点，才能确保固定。

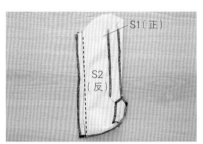

7 车缝袖下线。缝份烫开，下摆整烫完成。

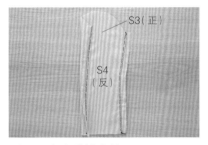

8 里布内外袖车缝。

！ 假缝完成线，位于车缝完成线外0.3 cm处。

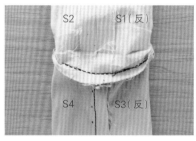

9 表布和里布袖口缝合一圈。

10 接合后的袖口缝份倒向表布，以千鸟缝固定。

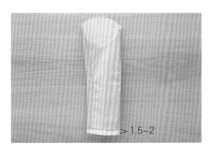

11 翻至正面。

！ 里布会比表布短1.5~2 cm。

12 完成。

无里袖

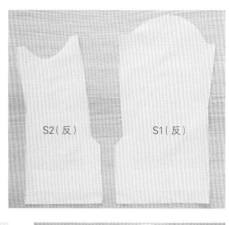
S2（反）　　　S1（反）

裁片
外袖×1（S1）、内袖×1（S2）

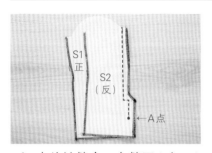

S1（正）
S2（反）
←A点

1 内外袖缝合，车缝至A点。A点即自下摆完成线往上缝份宽减1cm处。例如：下摆缝份宽为4cm，则A点在下摆完成线上3cm处。

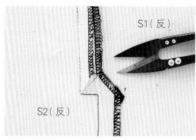

S1（反）
S2（反）

2 内袖缝份剪牙口。

S1（反）
S2（反）

3 衩止点以上缝份烫开，以下缝份倒向外袖。

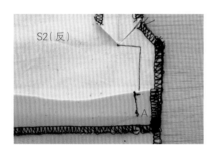

S2（反）
A

4 内袖口缝份车缝I形至止点（A点）。下摆缝份留1cm不车缝。

S1（反）
A点

5 外袖口车缝45°至止点（A点）。

S1（反）

6 修剪缝份后翻至正面。
⚠ 注意！内外袖开衩处皆要车缝至A点，才能确保固定。

S2
（反）

7 车缝袖下线。

（反）

8 缝份烫开，千鸟缝。

9 完成。

弧线袖

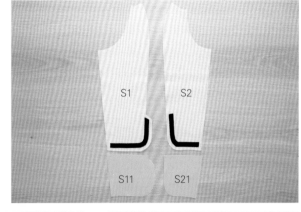

裁片

外袖 ×1（S1）　　　袖外贴边 ×1（S11）

内袖 ×1（S2）　　　袖内贴边 ×1（S21）

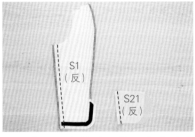

1 内外袖车缝袖下线，内外贴边车缝袖下线。

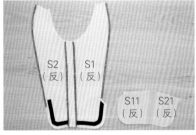

2 缝份烫开。

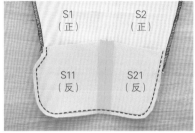

3 袖子和贴边正面对正面车缝袖口。

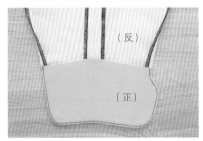

4 贴边布翻至袖子反面。

5 内外袖由开衩止点往上车缝至肩线。

6 袖中心线缝份烫开，开衩叠份倒向外袖，衩口止点以上藏针缝固定或车缝固定。

7 缝上袖扣。

　! 可在衩口上方车缝固定开衩贴边布。

扣子

平眼扣

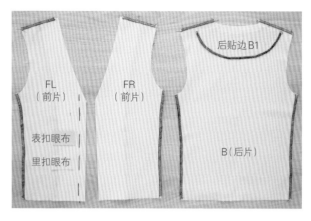

裁片

前片 ×2（FL、FR，贴边连裁）　　表扣眼布 ×1

后片 ×1（B）　　里扣眼布 ×1

后贴边 ×1（B1）

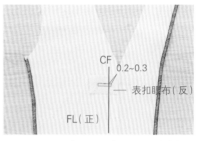

1 表扣眼布置于前片正面车缝一圈。（从扣眼中间起针和结束）

❗ 扣眼长度：扣子直径+扣子厚度；扣眼宽度：0.3 ~ 0.4 cm。

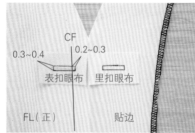

2 里扣眼布置于贴边车缝一圈。

❗ 注意：里扣眼长宽与表布开的扣眼要相同，如果表里布厚度相差太大，则表扣眼开的长宽可大于里扣眼0.2 cm左右，可依布料厚度增减尺寸。

3 表扣眼中心上下平均剪双Y形，扣眼布缝份往外烫，表扣眼布翻至反面整烫，烫出上下双唇。

❗ 上下宽要一致！

4 里扣眼中心上下平均剪双Y形，里扣眼布翻至反面。

❗ 整个扣眼布翻至反面，不用烫出双唇。

5 表扣眼从内部四周压缝固定缝份。

❗ 两边三角布要车缝三次以防裂开。

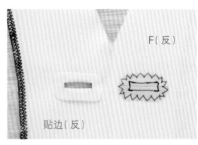

6 表扣眼布外围千鸟缝固定。

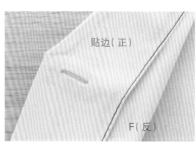

7 里扣眼与表扣眼对合藏针缝或斜针缝。

8 完成。

凤眼扣

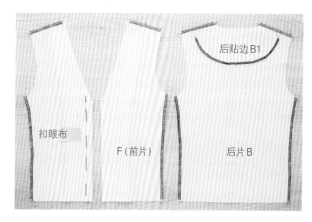

后贴边B1

扣眼布

F（前片）　后片B

裁片

前片 ×2（F，贴边　　扣眼布（表布）×1
连裁）　　　　　　后贴边 ×1（B1）
后片 ×1（B）

1 扣眼布置于前片正面车缝一圈。扣眼中心平均剪双Y形。

❗扣眼长度：扣子直径＋扣子厚度；扣眼宽度：0.3~0.4 cm。

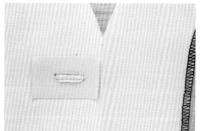

2 扣眼布缝份烫开。

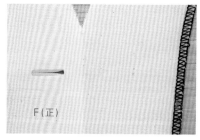

3 扣眼布翻至反面整烫，前中心缝份内收。

❗即凤眼处，中后端烫出上下双唇，上下宽要一致！

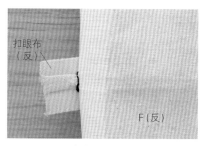

4 从里面车缝扣眼四周缝份，以固定扣眼布宽度。

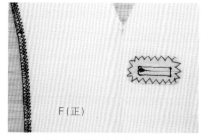

5 扣眼布外围千鸟缝。

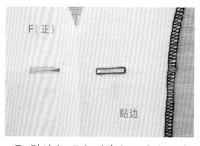

6 贴边扣眼点对合扣眼布扣眼长宽尺寸。

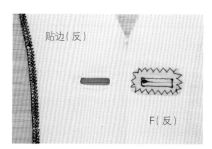

7 贴边扣眼处剪双Y形，缝份往内折烫。

❗此种方法适合布料不易虚边的材质，如果布料容易虚边，可采用有里扣眼布的做法，如平眼扣。

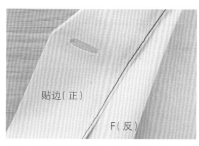

8 以藏针缝将贴边固定在扣眼布上。

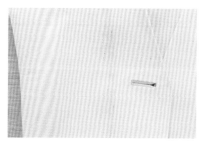

9 完成。

手缝凤眼扣

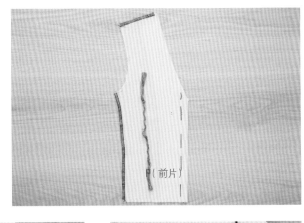

裁片

前片 ×1（F，贴边连裁）

扣眼线 ×1

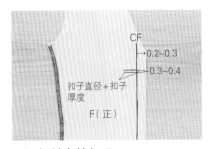

1 细针车缝扣眼。

⚠ 扣眼长度：扣子直径＋扣子厚度；扣眼宽度：0.3~0.4 cm。

2 扣眼上下平均剪双Y形，前中心剪一小洞。

⚠ 即凤眼的位置。

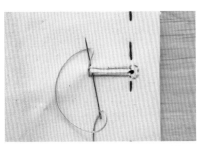

3 使用扣眼线将扣眼位置缝一圈。

⚠ 直线处拉直线缝，凤眼处用平针缝。

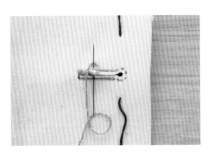

4 使用毛边缝法，线圈绕针往中心拉结粒。

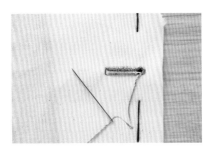

5 往凤眼处继续缝。

⚠ 要注意直线处结粒往中心拉，凤眼处结粒慢慢往上拉。

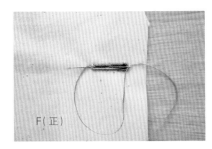

6 往下排继续缝（从凤眼外围结粒慢慢拉回中心结粒），依序完成下排。缝完末端，将针往后拉。

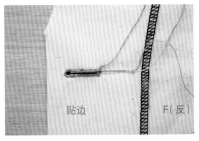

7 在反面将针穿入线目中，绕两圈后剪线即可。

8 完成。

衬布

袖下长衬布

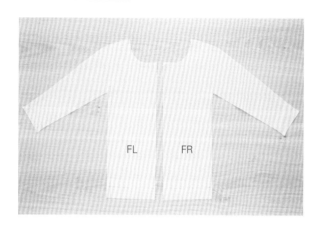

裁片
前片 ×2（FL、FR）

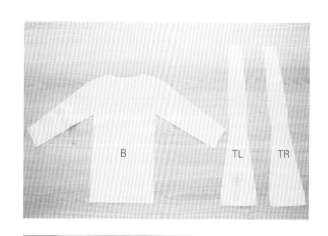

裁片
后片 ×1（B）、长衬片 ×2（TL、TR）

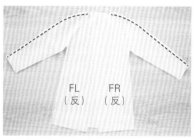

1 前后片肩线袖中心缝合，并将缝份烫开。

2 前片与长衬片车缝。

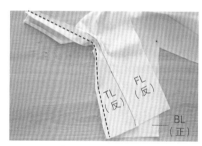

3 后片与长衬片车缝。

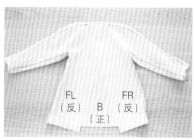

4 左右皆完成长衬片车缝。

5 处理袖口和下摆，完成。

三角衩布

裁片
后片 ×1（B）

裁片
前片 ×2（F）

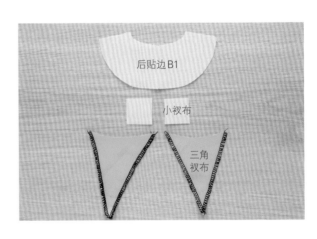

裁片
后贴边 ×1（B1）
三角衩布（表布）×2
小衩布（里布）×2

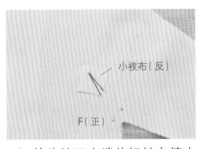

1 前片袖下尖端处细针车缝小衩布。

!注意！若布料太厚，袖下衩口尖形不好车缝，可略呈圆弧状车缝。

2 剪开缝份至尖端。

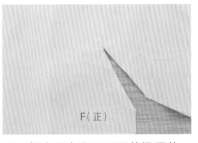

3 将小衩布翻至反面整烫平整。

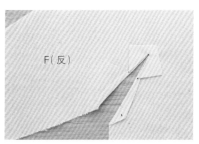

4 反面图。

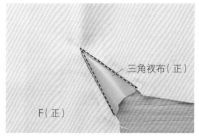

5 三角衬布置于袖下方，对合后假缝再压缝0.1 cm。

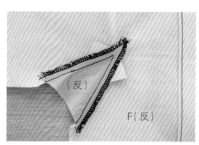

6 反面图（可将小衬布缝份修小）。

7 前片完成三角衬布缝合后，再车缝后片。

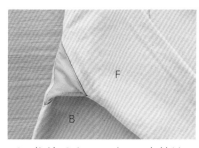

8 将前后片正面对正面车缝袖下线。

9 车缝袖口，完成。

半开暗门襟

贴边连裁

开襟与前片连裁（适合薄布料）

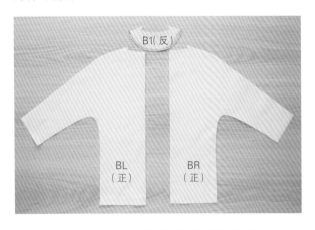

裁片
后片×2（BL、BR）、后贴边×1（B1）

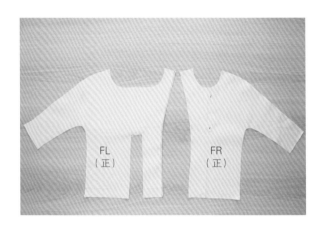

裁片
前片×2（FL、FR）

1 将门襟连裁贴边翻至前片正面车缝，左片从暗门襟处车缝至下摆。

2 右片贴边翻至前片正面，车缝下摆缝份。

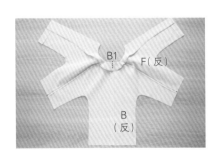

3 前后片肩线袖中心车缝，缝份烫开。

4 后贴边与前贴边肩线车缝，缝份烫开。

5 领口与贴边车缝。

6 领口缝份剪牙口,缝份倒向贴边车缝0.1 cm。

7 车缝门襟宽装饰线(目的是将前片、门襟、贴边固定)。

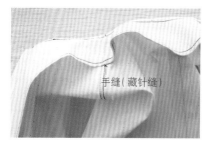

8 肩线贴边以手缝(藏针缝)固定(亦可从正面肩线落机缝固定)。

9 车缝下摆、袖口。

10 完成。

贴边分裁

开襟与前片分裁
（适合正布料较厚者，暗门襟可选较薄的布料搭配）

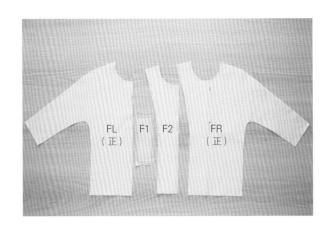

裁片

前片 ×2（FL、FR）　　前片贴边 ×1（F2）

暗门襟左片 ×1（F1）

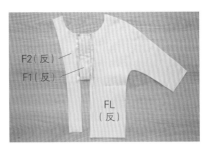

1 将前片、暗门襟和前片贴边车缝。

2 将门襟贴边翻至前片正面车缝，左片从暗门襟处车缝至下摆。

3 右片门襟翻至前片正面，车缝下摆缝份。

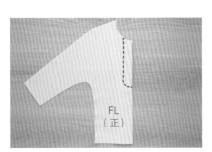

4 车缝门襟宽装饰线（目的是将前片、门襟、贴边固定）。

5 后续车缝与贴边连裁同。

袖山衬+垫肩

裁片
表布衣身 ×1

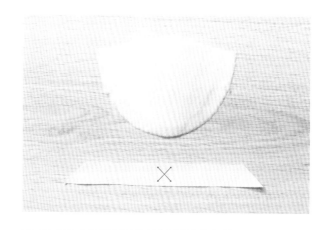

裁片
袖山衬（正斜纹）×1、垫肩 ×1

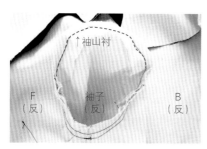

1 将袖山衬置于袖子内侧，车缝完成线外0.2 cm（袖山衬后面比前面多1~2 cm）

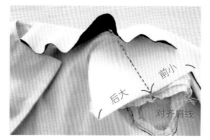

2 垫肩前小后大（后比前大2 cm）置于衣身反面肩线处，从正面肩线落疏缝（假缝）。

3 正面肩线落疏缝的样子。

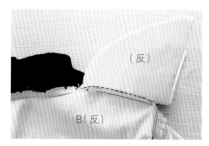

4 后肩缝份与垫肩疏缝固定。

5 从正面袖窿落疏缝，将垫肩固定。

6 反面斜疏缝固定垫肩和袖山缝份。
7 拆除假缝线，完成。

反折袖

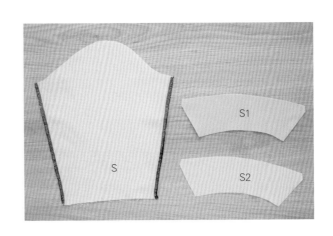

裁片
袖身 ×1（S）
表袖口布 ×1（S1）
里袖口布 ×1（S2）

1 两片袖口布车缝，整烫缝份后翻至正面。

⚠ 注意！袖口缝份不车缝，以便后续与袖身接缝。

⚠ 里袖口布往内退入0.2 cm。

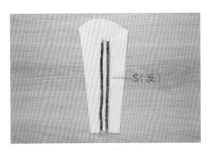

2 车缝袖下线，缝份烫开。

3 里袖口布与袖身车缝，车缝完成线。

4 袖口缝份折入，从正面落机缝固定。

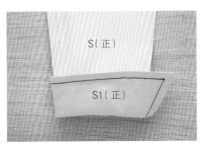

5 袖口布正面压装饰线，完成。

外套表布
缝份滚边

适用于无里表布较薄时，以衣身有后开衩为例，说明包边法。

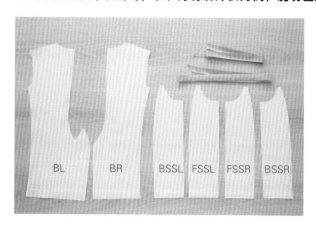

裁片

后片 ×2（BL、BR）　　前胁片 ×2（FSSL、FSSR）
滚边布数条　　　　　　后胁片 ×2（BSSL、BSSR）

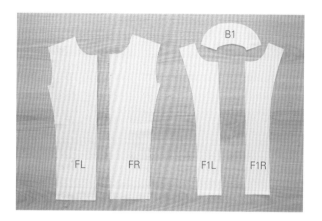

裁片

前片 ×2（FL、FR）　　　前贴边 ×2（F1L、F1R）
后贴边 ×1（B1）

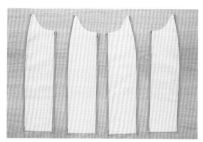

1 前后胁片缝份包边处理。

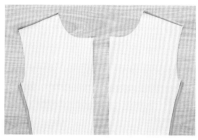

2 肩线和派内尔剪接线包边。

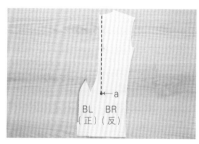

3 后片左右片车缝至开衩止点（a点）。

4 后左片（BL）先包边至完成线上0.2 cm处。

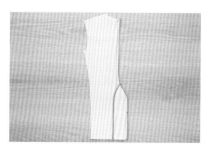

5 后中心从上包边至下摆完成线上0.2 cm处。

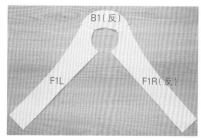

6 前后贴边车缝肩线，缝份烫开。

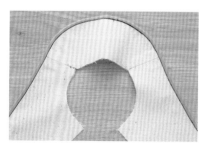

7 贴边外围线包边。

8 前片＋胁片＋后片车缝，缝份烫开。

9 前后片车缝肩线，缝份烫开。

10 贴边与衣身车缝前中心和领口，领口剪牙口后翻至正面。

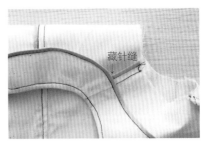

藏针缝

11 贴边与衣身肩线处缝合固定（可藏针缝固定）。

12 完成。

后开衩

表里布下摆缝份分开

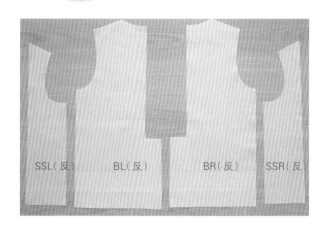
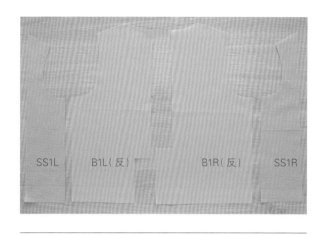

裁片
表布后片×2（BL、BR）、前胁片表布×2（SSL、SSR）

裁片
里布后片×2（B1R、B1L）、前胁片里布×2（SS1L、SS1R）

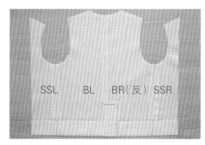

1 表布车缝、开衩做法见p.102的步骤。

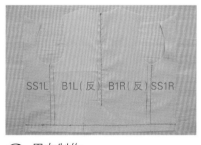

2 里布制作。

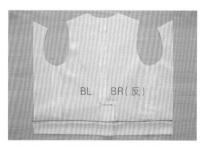

3 表布下摆缝份滚边车缝0.4~0.5 cm。

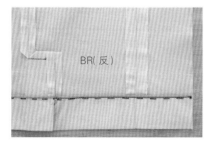

4 滚边布向内折烫，假缝后落机缝固定。

❗滚边布车缝于下摆缝份上，目的是防止毛边。请勿车缝到衣身片。

5 将里布后开衩固定于表布开衩上。

❗开衩制作请参考后开衩（见p.102表里布下摆缝份合缝）。

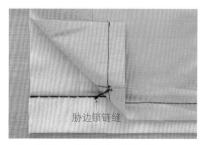

6 于胁边缝份上锁链缝，长度4~5 cm，将表里布固定。

101

表里布下摆缝份合缝

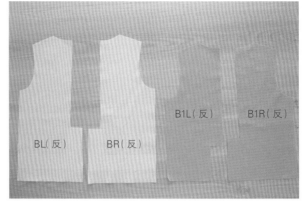

裁片

表布后片 ×2（BL、BR）

里布后片 ×2（B1L、B1R）

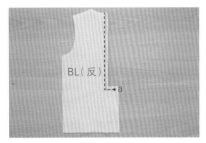

1 表布后片BL、BR正面对正面车缝后中心至开衩a点（1cm缝份不车缝）。

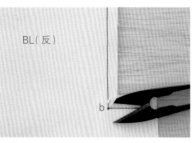

2 剪牙口，左后片缝份剪牙口至b点。

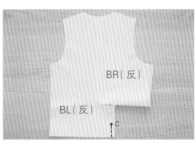

3 后中心缝份烫开，左后片下摆缝份往正面折烫，开衩处车缝I形至c点（下摆1cm缝份不车缝）。

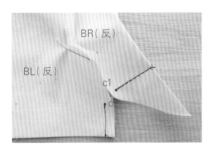

4 右后片下摆折烫45°角，自下摆完成线车缝至c1点（下摆缝份1cm不车缝）。

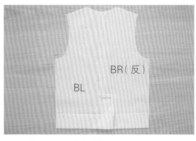

5 将下摆缝份修小，翻至正面。

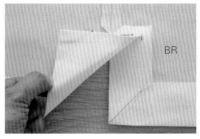

6 右后片下摆开衩处成45°角。

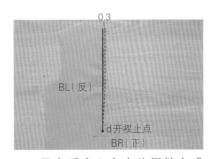

7 里布后中心左右片假缝完成线，自领口缝份车缝完成线外0.3cm，往下车缝至开衩止点d点。

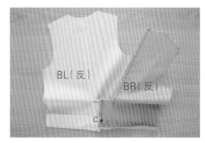

8 里布右后片与表布左后片车缝开衩缝份至c点。

❗ 请勿车缝到表布左后片下摆1cm的缝份。

9 里布右后片缝份剪牙口至d点。

10 车缝里布右后片与表布缝份固定（由b点车缝至d点过1针）。

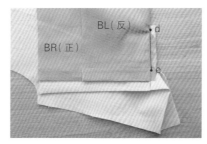

11 车缝里布左后片与表布缝份固定d点到e点。

⚠ 请勿车缝到表布右后片下摆1 cm的缝份。

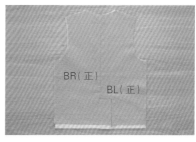

12 表里布反面对反面整烫，完成。

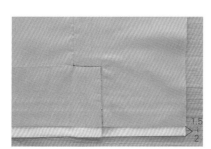

13 里布下摆缝份往上折烫与表布下摆差1.5~2 cm。

14 表布下摆交叉缝。

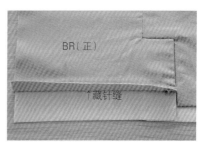

15 里布与表布下摆缝份藏针缝固定。

16 取里布下摆开衩处半径1 cm圆形的1/4圆弧，星止缝固定于表布。

原型上衣打版与褶子
转移应用

Part 7

新式成人女子原型

进行服装上衣打版时，必须有一个基本的底型作为平面打版制图的基础，这个底型称为原型。原型就是把人体服装平面展开数值加上基本宽松量而构成的服装基本底型。换句话说，就是将复杂而立体的人体服装平面化、简单化。只要掌握了应用原型的方法，无论何种类别（内衣、洋装、外套）、何种造型（从最紧身到最宽松）的服装，均可使用原型来进行打版与设计。

本书以日本文化式的新式成人女子原型为基底，再依设计款式不同进行打版制作。

依照年龄、性别，服装原型可分为妇女、男子、儿童等原型；依据人体部位，原型又可分为上身、手臂及下身等部位的原型。

· 原型的制图

人体上身的原型，是以胸围与背长尺寸推算而来的。胸围是人体上身重要的尺寸，因此以胸围统计公式推算出的各部位的尺寸与人体上身的合身度较高。但由于各部位的尺寸不一定与胸围尺寸呈严格的比例，所以推算出来的尺寸需加以增减变化，以便更精准。

另外，因女装的衣身右片在上面，为方便绘制设计线，均以右半身为基础。

· 褶的分量与分割

在绘制人体上身的原型时，已在胸围尺寸上加了必要的宽松份，由于人体上身有胸部和肩胛骨的突出部分与腰部的凹陷部分，如果仅以平面图尺寸来制作将会产生余量，使原型无法符合人体的线条。因此必须将胸围与腰围之差，也就是余量利用褶子的分割来转移调整，使原型达到合身的目的。

· 配合设计的褶子处理法

褶子的目的是要使打版合身，所以褶子必须依照设计的款式需求、使用的布料特性、布料图案等条件，设置于效果良好的部位。以上身来说，处理的重点通常是前衣身的胸褶，

当然后衣身、袖子上也常需要做褶子。

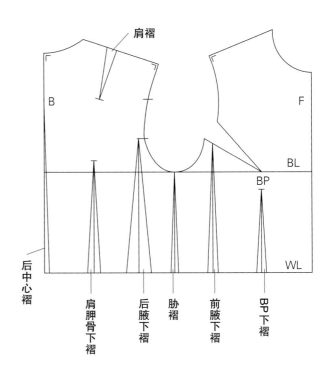

肩褶

B　F

BL

BP

WL

后中心褶

肩胛骨下褶　后腋下褶　胁褶　前腋下褶　BP下褶

新式成人女子原型打版

基本尺寸（cm）

胸围（B）：83
腰围（W）：64
背长：38

＊各公式尺寸可参考p.114、115表。

上衣

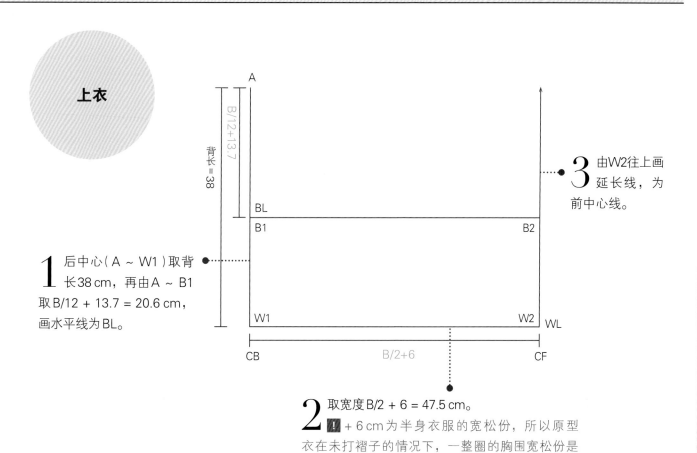

1 后中心（A ~ W1）取背长 38 cm，再由 A ~ B1 取 B/12 + 13.7 = 20.6 cm，画水平线为 BL。

3 由 W2 往上画延长线，为前中心线。

2 取宽度 B/2 + 6 = 47.5 cm。
！ + 6 cm 为半身衣服的宽松份，所以原型衣在未打褶子的情况下，一整圈的胸围宽松份是 12 cm。（日后打版以此为依据，将尺寸增减即可打版出适合各款式的宽松度。）

5 由后中心 B1 在 BL 上取背宽 B/8 + 7.4 = 17.8 cm 得 B3，垂直 BL 往上画出背宽线。

6 由前中心 B2 在 BL 上取胸宽 B/8 + 6.2 = 16.6 cm 得 B4，垂直 BL 往上画线至 S2。

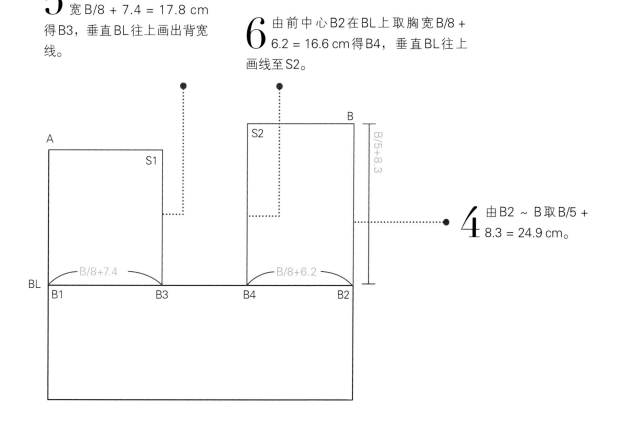

4 由 B2 ~ B 取 B/5 + 8.3 = 24.9 cm。

9 A~E1 = 8 cm，画垂直线至E2；E1~E2均分
为二定E3，由E3往右1 cm定E点。

！E点为打肩褶的褶尖点。

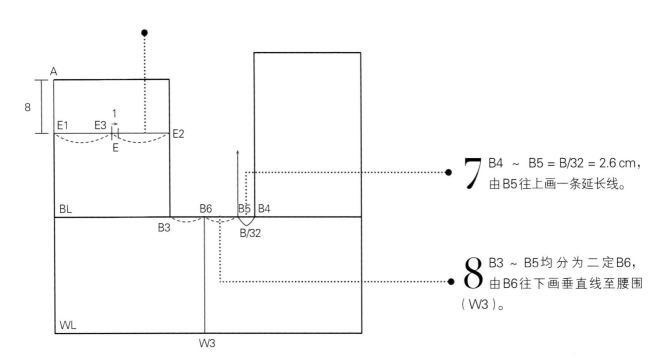

7 B4 ～ B5 = B/32 = 2.6 cm，
由B5往上画一条延长线。

8 B3 ～ B5均分为二定B6，
由B6往下画垂直线至腰围
（W3）。

10 E2~B3均分为二定G1，再由
G1往下0.5 cm定G2，由G2画
垂直线至G3得G线。

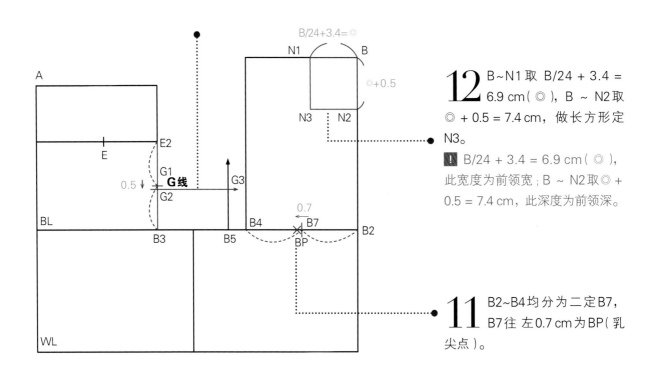

12 B~N1取 B/24 + 3.4 =
6.9 cm（◎），B ~ N2取
◎ + 0.5 = 7.4 cm，做长方形定
N3。

！B/24 + 3.4 = 6.9 cm（◎），
此宽度为前领宽；B ~ N2取◎ +
0.5 = 7.4 cm，此深度为前领深。

11 B2~B4均分为二定B7，
B7往 左0.7 cm为BP（乳
尖点）。

14 A ～ N5 = ◎ + 0.2 = 7.1 cm（后领宽），均分为三，1/3 处定 N6，
一等份为●；N5 ～ N7 = ●（后领深），弧线连接 N7→N6。

▌因为脖子向前倾，故后领宽比前领宽大，前领深比后领深长。

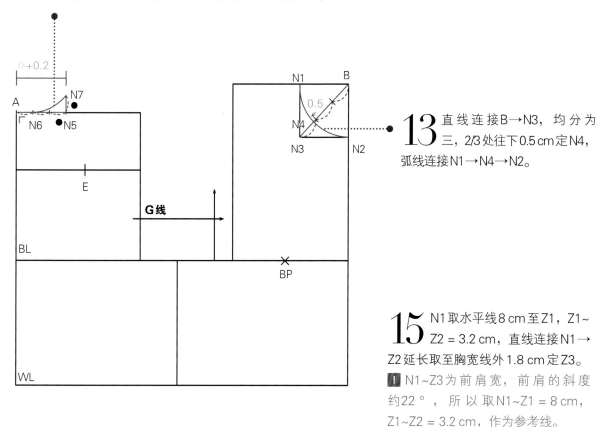

13 直线连接 B→N3，均分为三，2/3 处往下 0.5 cm 定 N4，弧线连接 N1→N4→N2。

15 N1 取水平线 8 cm 至 Z1，Z1～Z2 = 3.2 cm，直线连接 N1→Z2 延长取至胸宽线外 1.8 cm 定 Z3。

▌N1~Z3 为前肩宽，前肩的斜度约 22°，所以取 N1~Z1 = 8 cm，Z1~Z2 = 3.2 cm，作为参考线。

16 N7 取水平线 8 cm 至 Z4，Z4 ～ Z5 = 2.6 cm，直线连接 N7→Z5 延长取 ⊕ +（B/32 − 0.8）至 Z6。

▌（1）N7~Z6 为后肩线，因为后背有肩胛骨，故后肩线以 B/32 − 0.8 = 1.8 cm 作为后肩宽的缩份或尖褶份，使后背增加立体感。
（2）后肩的斜度约 18°，所以取 N7~Z4 = 8 cm，Z4~Z5 = 2.6 cm，作为参考线。斜肩体型斜度大，平肩体型斜度小，可以此做调整。

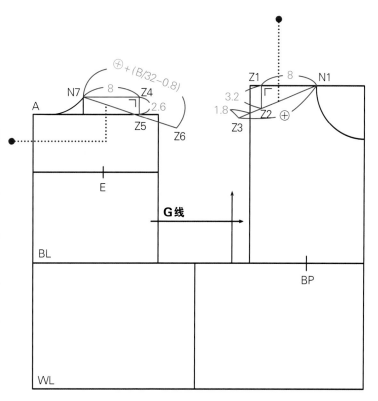

18 弧线连接Z6→G2→G4→B6→G5→G3。
❗ Z6→G2→G4→B6为后袖窿（BAH）。

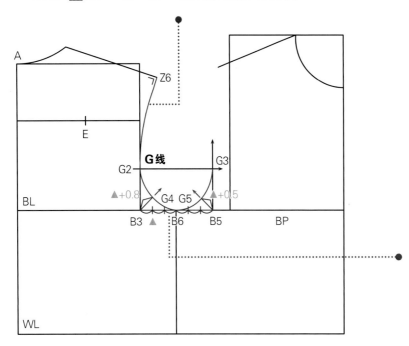

17 B3 ~ B6 = B6 ~ B5，均分为三，一等份为▲，由B3点45°角往上取▲ + 0.8 cm定G4，B5点45°角往上取▲ + 0.5 cm定G5。

20 取E点垂直延长线，交会于肩线定E4，E4 ~ E5 = 1.5 cm，E5 ~ E6 = B/32 − 0.8 = 1.8 cm（褶份），直线连接E→E5、E→E6，为后肩褶。

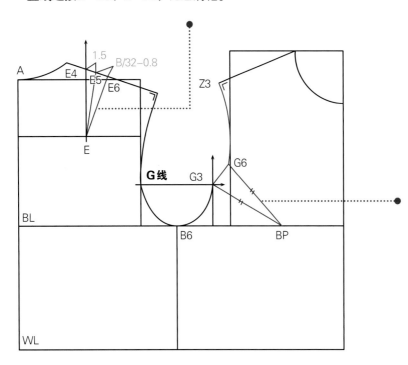

19 直线连接G3~BP，取G3~G6 = 3.7 cm，G3~BP = G6~BP，弧线连接Z3→G6。
❗ 扣除胸褶后，Z3→G6、G3→B6为前袖窿（FAH）。前后袖窿线要与肩线垂直，袖窿下方呈U形。G3~G6=3.7 cm，请参考p.114尺寸表。

21

根据衣身宽和腰围尺寸，计算出褶份大小（请参考p.114、115尺寸表）：

a褶——在BP下方2～3cm，取a褶宽（1.750）。

b褶——在B4点向前中心1.5cm取b褶宽（1.875）。

c褶——在胁边线B6点下取c褶宽（1.375）。

d褶——在G2点向后中心1cm取d褶宽（4.375）。

e褶——在E点向后中心0.5cm取e褶宽（2.250），褶长至胸围线上2cm。

f褶——在E1点往腰围线取f褶宽（0.875）。

! 胸围和腰围尺寸相差越多，其腰间褶份尺寸会越大；胸围和腰围尺寸相差越少，其腰间褶份尺寸会越小。

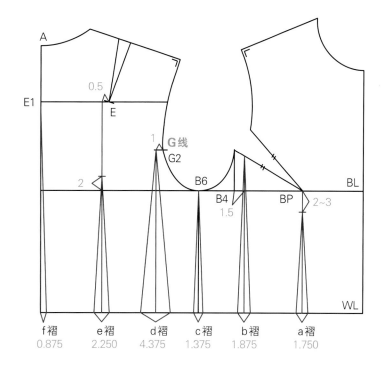

22 完成。

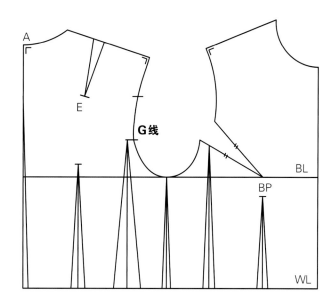

袖子

袖子是根据前后衣身的基础线来绘制的，所以在画袖子前要先描绘基础线，衣身的胸围线当袖宽线，胁边线当袖中心线。

基本尺寸（cm）

袖长：54	

量衣身上的袖窿：

前袖窿（FAH）：19.5

后袖窿（BAH）：20.5

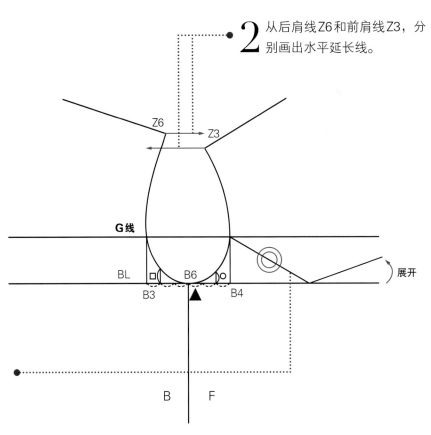

2 从后肩线Z6和前肩线Z3，分别画出水平延长线。

1 压BP合并胸褶。

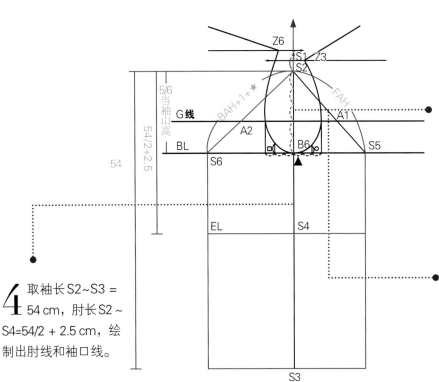

3 将袖中心线（衣身胁边线）往上画延长线，将前后肩线Z6 ~ Z3的高度差均分为二定S1，将S1 ~ B6均分为六，取5/6当袖山高，定S2。

❗袖山高与袖宽线的关系：袖山高较高，袖宽较窄，属合身袖型；袖山高较低，袖宽较大，属于宽松袖型。

4 取袖长S2~S3 = 54 cm，肘长S2 ~ S4=54/2 + 2.5 cm，绘制出肘线和袖口线。

5 自S2往袖宽线取FAH = 19.5 cm定S5，S2往袖宽线取BAH + 1 + ★ = 21.5 cm定S6。

❗BAH + 1 + ★，+ 1 cm为后袖窿的缩份，+ ★请参考p.115表。

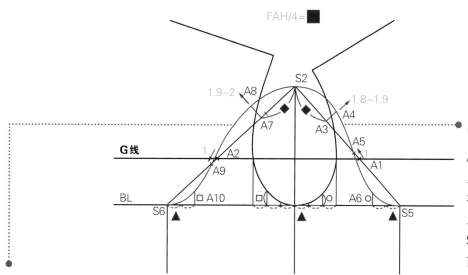

FAH/4=■

6 将前袖窿均分为四，一等份为■，S2 ~ A3 = ■，A3 ~ A4 = 1.8 ~ 1.9 cm。G线上的A1往上1 cm定A5，S5往袖中心取二等份▲，再垂直往上一等份○定A6，弧线连接S2→A4→A5→A6→S5。即为前袖窿。

7 自S2 ~ A7取一等份■，A7垂直往外取1.9 ~ 2 cm定A8，G线上的A2往下1 cm定A9，S6往袖中心取二等份▲，再垂直往上一等份□定A10，弧线连接S2→A8→A9→A10→S6。即为后袖窿。

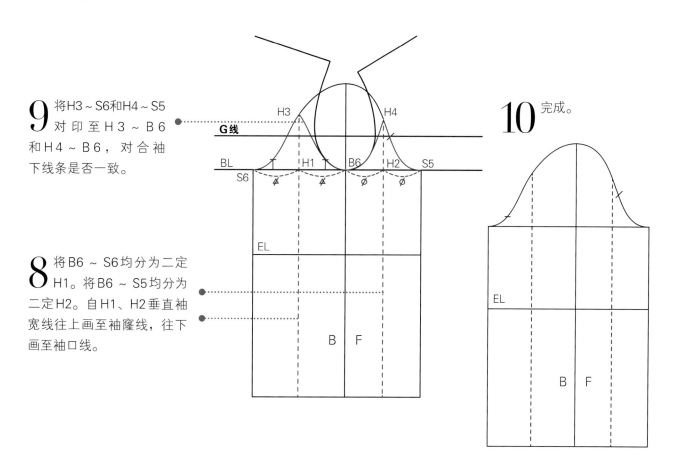

9 将H3 ~ S6和H4 ~ S5对印至H3 ~ B6和H4 ~ B6，对合袖下线条是否一致。

8 将B6 ~ S6均分为二定H1。将B6 ~ S5均分为二定H2。自H1、H2垂直袖宽线往上画至袖窿线，往下画至袖口线。

10 完成。

胸褶尺寸参考表

（单位：cm）胸褶宽（B/4-2.5）°

B	77	78	79	80	81	82	83	84	85	86	87	88	89	90
胸褶份	3.2	3.3	3.4	3.5	3.6	3.6	3.7	3.8	3.9	4.0	4.1	4.1	4.2	4.3
B	91	92	93	94	95	96	97	98	99	100	101	102	103	104
胸褶份	4.4	4.5	4.6	4.6	4.7	4.8	4.9	5.0	5.1	5.1	5.2	5.3	5.4	5.5

* 灰底为基本尺寸。

各褶量尺寸参考表

（单位：cm）

腰褶总分量	f	e	d	c	b	a
100%	7%	18%	35%	11%	15%	14%
9	0.630	1.620	3.150	0.990	1.350	1.260
10	0.700	1.800	3.500	1.100	1.500	1.400
11	0.770	1.980	3.850	1.210	1.650	1.540
12	0.840	2.160	4.200	1.320	1.800	1.680
12.5	0.875	2.250	4.375	1.375	1.875	1.750
13	0.910	2.340	4.550	1.430	1.950	1.820
14	0.980	2.520	4.900	1.540	2.100	1.960
15	1.050	2.700	5.250	1.650	2.250	2.100

* 总褶量：衣身宽－（W/2＋3），再依各部位比例计算褶份。

* 灰底为基本尺寸。

原型各部位尺寸一览表

（单位：cm）

	衣宽	A ~ BL	背宽	BL ~ B	胸宽	B/32	前领宽	前领深	胸褶宽	后领宽	肩褶	★
	B/2 +6	B/12 +13.7	B/8 +7.4	B/5 +8.3	B/8 +6.2	B/32	B/24 +3.4=⊙	⊙ +0.5	(B/4−2.5)°	⊙ +0.2	B/32 −0.8	★
77	44.5	20.1	17.0	23.7	15.8	2.4	6.6	7.1	16.8	6.8	1.6	0.0
78	45.0	20.2	17.2	23.9	16.0	2.4	6.7	7.2	17.0	6.9	1.6	0.0
79	45.5	20.3	17.3	24.1	16.1	2.5	6.7	7.2	17.3	6.9	1.7	0.0
80	46.0	20.4	17.4	24.3	16.2	2.5	6.7	7.2	17.5	6.9	1.7	0.0
81	46.5	20.5	17.5	24.5	16.3	2.5	6.8	7.3	17.8	7.0	1.7	0.0
82	47.0	20.5	17.7	24.7	16.5	2.6	6.8	7.3	18.0	7.0	1.8	0.0
83	47.5	20.6	17.8	24.9	16.6	2.6	6.9	7.4	18.3	7.1	1.8	0.0
84	48.0	20.7	17.9	25.1	16.7	2.6	6.9	7.4	18.5	7.1	1.8	0.0
85	48.5	20.8	18.0	25.3	16.8	2.7	6.9	7.4	18.8	7.1	1.9	0.1
86	49.0	20.9	18.2	25.5	17.0	2.7	7.0	7.5	19.0	7.1	1.9	0.1
87	49.5	21.0	18.3	25.7	17.1	2.7	7.0	7.5	19.3	7.2	1.9	0.1
88	50.0	21.0	18.4	25.9	17.2	2.8	7.1	7.6	19.5	7.2	2.0	0.1
89	50.5	21.1	18.5	26.1	17.3	2.8	7.1	7.6	19.8	7.3	2.0	0.1
90	51.0	21.2	18.7	26.3	17.5	2.8	7.2	7.7	20.0	7.3	2.0	0.2
91	51.5	21.3	18.8	26.5	17.6	2.8	7.2	7.7	20.3	7.4	2.0	0.2
92	52.0	21.4	18.9	26.7	17.7	2.9	7.2	7.7	20.5	7.4	2.1	0.2
93	52.5	21.5	19.0	26.9	17.8	2.9	7.3	7.8	20.8	7.4	2.1	0.2
94	53.0	21.5	19.2	27.1	18.0	2.9	7.3	7.8	21.0	7.5	2.1	0.2
95	53.5	21.6	19.3	27.3	18.1	3.0	7.4	7.9	21.3	7.5	2.2	0.3
96	54.0	21.7	19.4	27.5	18.2	3.0	7.4	7.9	21.5	7.6	2.2	0.3
97	54.5	21.8	19.5	27.7	18.3	3.0	7.4	7.9	21.8	7.6	2.2	0.3
98	55.0	21.9	19.7	27.9	18.5	3.1	7.5	8.0	22.0	7.7	2.3	0.3
99	55.5	22.0	19.8	28.1	18.6	3.1	7.5	8.0	22.3	7.7	2.3	0.3
100	56.0	22.0	19.9	28.3	18.7	3.1	7.6	8.1	22.5	7.8	2.3	0.4
101	56.5	22.1	20.0	28.5	18.8	3.2	7.6	8.1	22.8	7.8	2.4	0.4
102	57.0	22.2	20.2	28.7	19.0	3.2	7.7	8.2	23.0	7.9	2.4	0.4
103	57.5	22.3	20.3	28.9	19.1	3.2	7.7	8.2	23.3	7.9	2.4	0.4
104	58.0	22.4	20.4	29.1	19.2	3.3	7.7	8.2	23.5	7.9	2.5	0.4

*灰底为基本尺寸。

10款外套的打版制作

Part 8

1 | 西装领外套

Preview · 基本资料

设计重点

西装领

派内尔剪接四面构成

双滚边盖式口袋

单排扣

后片腰环

二片袖

基本尺寸（cm）

胸围（B）：83

腰围（W）：64

臀围（H）：92

背长：38

腰长：18

袖长：54+2

手臂根部围：36

衣长：腰围线（WL）下30～32

Pattern Making · 打版

衣身　**步骤一**

1 将1/2肩褶转至袖窿。
⚠ 转移至袖窿的分量作为松份。

2 将2/3袖窿褶转至胁边。
⚠ 保留原胸褶1/3当袖窿的松份。

3 衣长自W1~L1取30~32 cm，腰长自W1~H1
取18 cm，分别延伸至前中心线。

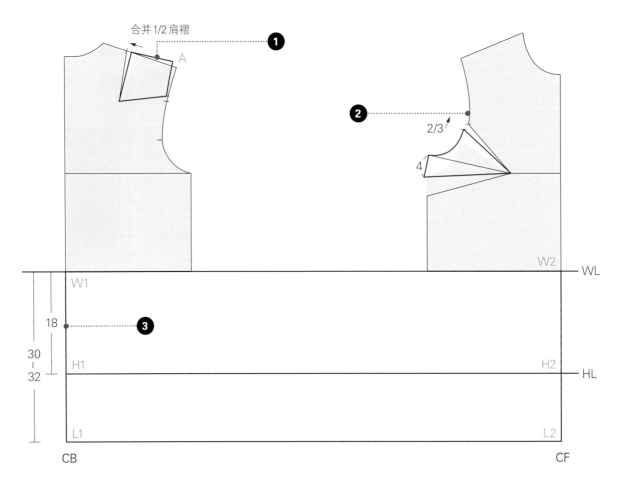

后片

1 自 B1~B2 往外取 1 cm，画至下摆线 L3。

⚠ 此分量越大，胸围的松份越多。可依布料厚度、款式设计来决定分量多少，此款布料为薄毛料且款式为较合身款式，所以松份较少。

2 B2~B3 取 1 cm，W3~W4 取 1.5~2 cm，连接 B3→W4→H3 至下摆线。

⚠ B2~B3 往下取的尺寸越大，袖窿深度越大，袖子越宽松；反之取的尺寸越少越合身。W3~W4 往内取的尺寸越多，腰围松份越少就越合身。

3 N1~N2 取 0.5 cm，弧线连接 N2~N 为后领围。

⚠ N1~N2 取的尺寸越大，领型就越离开颈围；反之就越贴近颈围。领围线要与后中心线垂直。

4 A~A1 往上提高 0.5 cm，直线连接 N2→A1，此为后肩线。

⚠ A~A1 提高的尺寸是作为垫肩厚度的分量，垫肩越厚提高越多。此款为薄垫肩，故前后各提高 0.5 cm 即可。

5 自原型版上的对合点 M1 取 0.5~0.7 cm 至 M2，弧线连接 A1→M2→B3 为后袖窿。

⚠ 后袖窿要与肩线和胁边线垂直。

前片

6 B4~B5 取 1 cm，W5~W6 取 1.5~2 cm，连接 B5→W6→H4 至下摆线。

7 N3~N4 取 0.5 cm，A2~A3 往上提高 0.5 cm，直线连接 N4→A3，此为前肩线。

⚠ 量后肩线 N2~A1=★，在前肩线取 ★ － 0.5 cm，为前肩线。故后肩线大于前肩线 0.5 cm，此分量为后肩缩份，缩份的多少与体型和布料特性有关，如肩胛骨突出或毛料特性易缩，则缩份就可多一些。

8 弧线连接 A3→B5 为前袖窿。

⚠ 前袖窿要与肩线和胁边线垂直。

步骤二

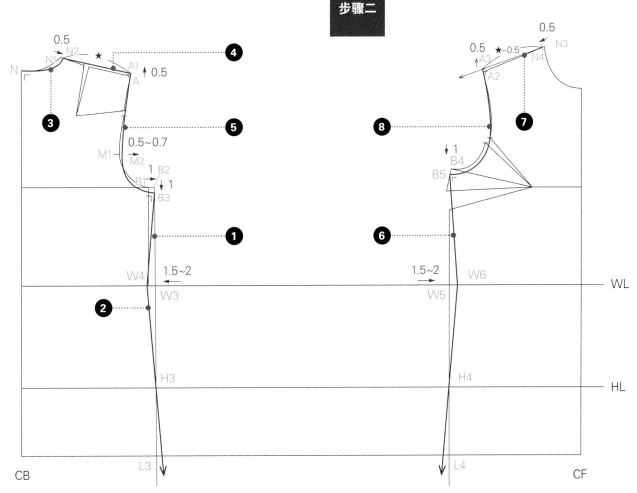

步骤三

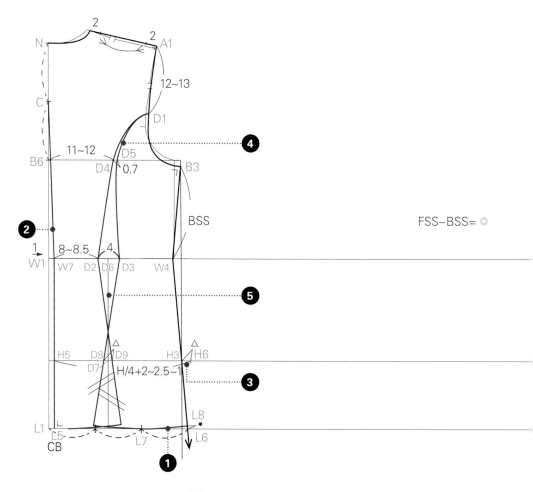

FSS-BSS= ◎

后片

1 下摆均分为三定L7，自L7画胁边线的垂直线至L8。

2 N~B6均分为二定C，W1~W7取1 cm，连接C→W7→H5→L5。

⚠️ W1~W7尺寸越大，后腰线越合身。W7→L5与后中心线平行间距1 cm。

3 自H5~H6取H/4 + 2~2.5-1，令H3~H6的距离为△。

⚠️ H/4 + 2~2.5-1，+ 2~2.5 cm为后臀围的宽松份，可依款式设计加减宽松份。-1 cm是臀围前后差，前片 + 1 cm，后片 -1 cm。

4 自A1~D1取12~13 cm；腰线后中心取8~8.5 cm，取D2~D3 = 4 cm；胸线后中心取11~12 cm，取D4~D5约0.7 cm；弧线连接D1→D4→D2，D1→D5→D3。

⚠️ A1~D1 取12~13 cm，是派内尔剪接线最高点的决定位置，可依设计提高或降低；D2~D3 = 4 cm，此宽度会影响腰线的合身度，尺寸越大越合身；D4~D5 约0.7 cm，此宽度也是会影响胸围的宽松份。

5 D2~D3均分为二定D6，自D6画腰围线的垂直线至下摆；将H3~H6的△分量，加入D7左右两边，即D8~D9 = △；直线连接D2→D9延伸至下摆，直线连接D3→D8延伸至下摆，下摆线再取垂直即可。

⚠️ H3~H6的△分量，是臀围线不足的分量，所以在派内尔剪接线臀围线上加入不足的分量。交叉重叠越大，臀围松份越多。

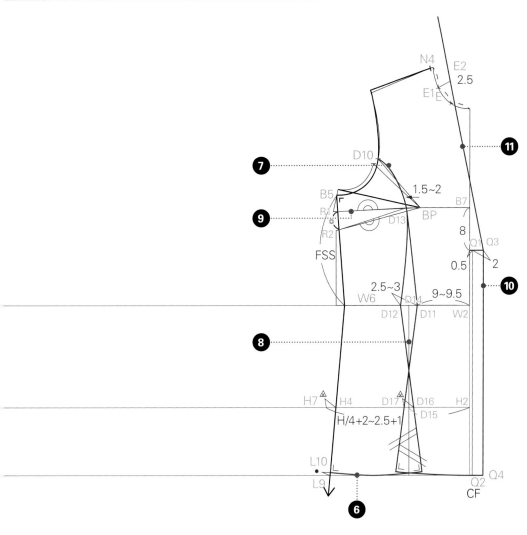

前片

6 后胁边线下摆提高的分量为●（L6~L8），前胁边线同样提高●（L9~L10）与下摆取垂直。

⚠ 对合前后片腰下胁边 W4~L8 = W6~L10。

7 自原型胸褶上定 D10；腰线前中心取 9~9.5 cm，取 D11~D12 = 2.5~3 cm；胸线自 BP 往左取 1.5~2 cm 定 D13；弧线连接 D10→D13→D11，D10→D13→D12。

8 D11~D12 均分为二定 D14，自 D14 画腰围线的垂直线至下摆线；自 H2~H7 取 H/4 + 2~2.5 + 1 = 26~26.5 cm，将 H4~H7 的△分量，加入 D15 左右两边，即 D16~D17 = △；直线连接 D11→D17 延伸至下摆，直线连接 D12→D16 延伸至下摆，再与下摆线取垂直即可。

9 取前胁边 FSS = B5~W6，后胁边 BSS = B3~W4，FSS-BSS = ◎，于胁边 BP 水平线上取 R1~R2 =

◎，直线连接 D13→R1、D13→R2，此胁褶画合并记号。

⚠ 将前后胁边的差作为褶子合并后，会将此分量转入派内尔剪接线，增加胸前的合身度。

10 自胸线 B7 往下 8 cm 再往外 0.5 cm 定 Q1，自 Q1 画前中心线的平行线至下摆线定 Q2；Q1~Q3 取 2 cm 为前门襟宽。

⚠ B7 往下 8 cm 为领子翻领线的高度，可依设计款式提高或降低。前中心往外 0.5 cm 是要增加因为布料厚度而减少的尺寸，布料越厚往外加的尺寸越多，一般外套是往外 0.5~0.7 cm。一般外套单排扣持出份为 2~2.5 cm，依设计款式、布料厚度和扣子大小来决定尺寸。

11 将前领围均分为三定 E，E~E1 取 0.5 cm，E~E2 取 2 cm，即 E1~E2 平行肩线取 2.5 cm，直线连接 Q3→E2 往上延伸。

⚠ E1~E2 的尺寸为前领腰高，可依设计提高或降低。Q3→E2 的延长线是领子的翻领线。

步骤四

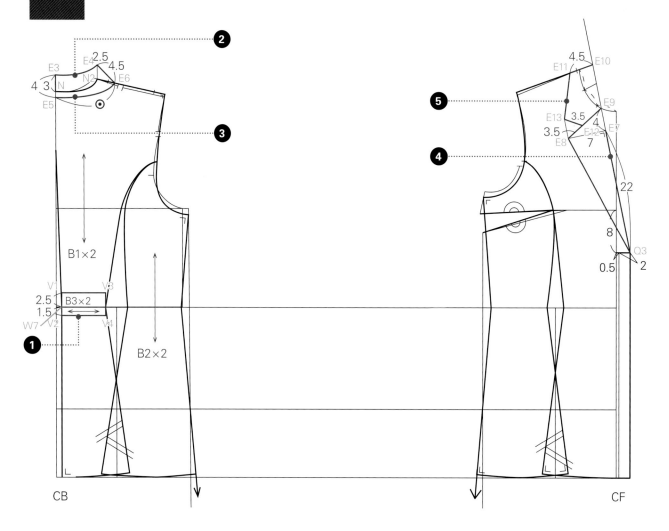

后片

1 后腰线W7上下V1~V2 = 4 cm，水平直线画到派内尔剪接线定V3、V4。

⚠ 此款式的腰环夹缝于派内尔剪接线内，故长度会因派内尔剪接线的位置而不同；此宽度4 cm也可以依设计自行调整。

2 自N~E3取3 cm，N2~E4取2.5 cm，弧线连接E4~E3。

⚠ N~E3 = 3 cm为后领腰高，N2~E4 = 2.5 cm为侧领腰高，E4~E3弧线为翻领线。领腰高尺寸大小可依设计而不同。

3 自E4取4.5 cm直线落至肩线定E6，E3~E5取4 cm，弧线连接E6~E5。

⚠ E4~E6为侧领宽，E3~E5 = 4 cm是后领宽，

E6~E5弧线是领外围线。领腰高和领宽尺寸大小都会因款式而不同，但要注意：领宽要大于领腰才能盖住领围线。

前片

4 Q3~E7 = 22 cm，垂直翻领线E7~E8 = 7 cm，E7~E9 = 4 cm，直线连接E9→E8。

⚠ Q3~E7 = 22 cm，此段为决定下领片宽的位置，E7~E8 = 7 cm为下领片宽。

5 E10~E11 = 4.5 cm，E8~E12 = 3.5 cm，自E8和E12做边长3.5 cm的等边三角形定E13，直线连接E11→E13、E13→E12。

⚠ 此步骤为设计领型的前置作业，可依设计款式线条自由决定尺寸。

步骤五

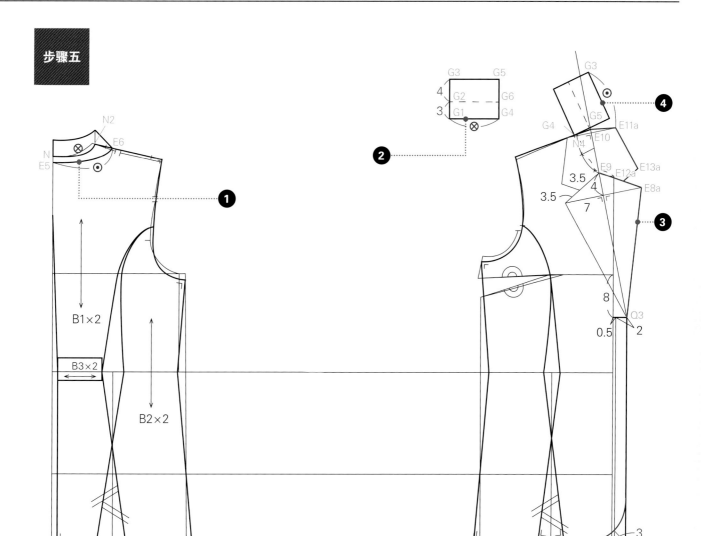

后片

1 N2~N为后领围(⊗)，E6~E5为后领外围线(⊙)。

2 G1~G2 = 3 cm即后领腰高，G2~G3 = 4 cm即后领宽，G1~G4 = ⊗(即后领围)，G2~G6即翻领线(此纸型便于前片制作上领片)。

前片

3 将前片翻领线左边的领型线条复制至右边，定E11a、E13a、E12a、E8a。

4 将纸型G4点与前片N4对合，往左倾倒后使G3~E11a = ⊙(后领外围线)。

❗ G3~E11a是后领外围线长度，此线段过长，后领外围会松浮；此线段过短，后片衣身领围处会起皱。

后片

1 自N2~T1取3 cm，N~T2取6~7 cm， 自T1画肩线的垂直线，自T2画后中心线的垂直线，二者交于T3，再将T1→T2修成圆弧状。

❗ 此版为后贴边，注意T1~T2的弧线要与肩线和后中心线垂直。

前片

2 将G3→E11a→E13a线条修顺。
❗ 注意此为领外围线，要与领子后中心线垂直。

3 将G2→E10→E2线条修顺。
❗ 注意此为翻领线，要与领子后中心线垂直。

4 直线连接N4→E1并延长，直线连接E8a→E9并延长，二者交于E14，侧颈点N4往外0.5~0.7 cm修顺领围线。

5 自N4~T4取3 cm，S2~T5取6~6.5 cm，T4垂直肩线一段后画弧线再连接至T5。

❗ 此版为前贴边，注意T4~T5的线条要与肩线和下摆线垂直。

扣子

6 Y1为第1颗扣子的位置，Q2~Y2 = 20~22 cm，Y2是第2颗扣子；将Y1和Y2均分为二定Y3，Y3是第3颗扣子，此款共有3颗扣子。

7 口袋位置：自W2~P1取8 cm，P1~P2取5 cm，P2~P3取5 cm。

❗ 口袋的位置和尺寸可依设计而变化，此款口袋约在腰下5 cm左右，口袋详图参见p.130。

步骤六

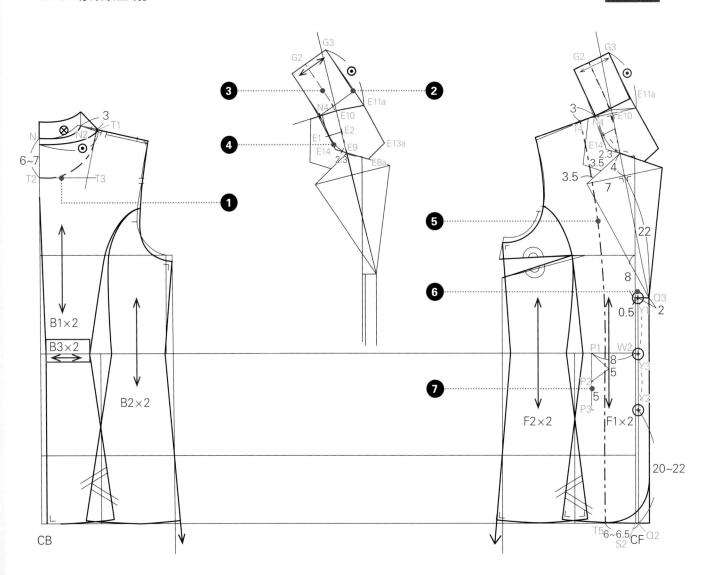

袖子 **步骤一**

1 依照前后衣身版型，描绘出肩线和袖窿。

2 描绘G线、袖窿底线和胁边线。
■ G线就是前片胸褶的位置，作为画前后袖山线的参考位置。

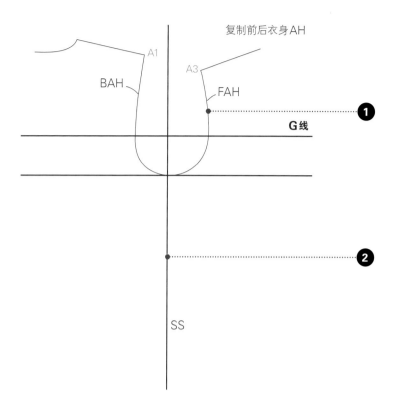

复制前后衣身AH

步骤二

1 从A1向右画直线，从A3向左画直线，分别与胁边延长线交会，将交会段均分为二定S1。将S1~S2均分为六，取5/6当袖山高（即S3~S2），自S2画出的与袖中心线垂直的水平线即袖宽线。
■ 袖山高的高低会影响袖宽的宽度，袖山高越高袖宽越小，袖山高越低袖宽越大，可依设计款式而决定。
■ 衣身的胁边线对应的就是袖子的袖中心线。

2 自S3~S4取袖长54 + 2 = 56 cm，EL肘线位置是54/2 + 2.5 = 29.5 cm。
■ 袖长可依设计决定长度，EL肘线位置的高低可依设计或体型上的比例线条而调整。

3 自S3~S6取前袖窿（FAH），自S6与袖中心线平行画直线至S8。

4 自S3~S7取后袖窿（BAH + 0.5~1），自S7与袖中心线平行画直线至S9。
■ 前后袖窿尺寸都是从衣身袖窿量得，后袖窿（BAH + 0.5~1），+ 0.5~1 cm是后片袖山的缩份，袖山缩份的多少会依设计和布料特性而增减，如果布料不易缩，则袖山缩份就要减少。

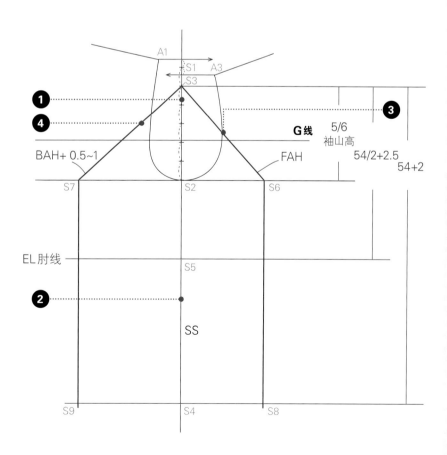

步骤三

1 FAH/4 = ✖，S3~S12 = ✖，S12~S13 = 1.8~1.9 cm，S10往上1 cm定S14，S10~S6均分为二定S15，S15~S16 = 1.2~1.3 cm，弧线连接S3→S13→S14→S16→S6。

2 S3~S17 = ✖，S17~S18 = 1.9~2 cm，S11往下1 cm定S19，S19~S7均分为二定S20，S20~S21 = 0.5~0.7 cm，弧线连接S3→S18→S19→S21→S7。

⚠ 注意S3袖山顶点要保持水平，量取袖山弧线长度与衣身前后袖窿差，就是袖山的缩份，一般女装毛料袖山缩份为3~3.5 cm，缩份的多少和布料特性、袖子款式有关。

3 S2~S6均分为二定S22，S2~S7均分为二定S23，自S22和S23分别与袖中心线平行画出两条直线，往下画至下摆，往上画至袖山线。

⚠ 两条平行线为前后袖宽的中心线，此为画二片袖的基础线。

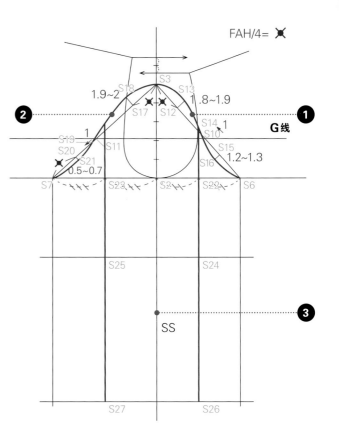

步骤四

1 自K1~S6弧线反拓至K1~S2；K2~S7弧线反拓至K2~S2。

2 S24~S28 = 0.7 cm，S26~S29 = 0.5 cm，直线连接S22→S28→S29。

3 S29~S30 = 12.5 cm，S30距袖口线1 cm。
⚠ S29~S30 = 12.5 cm，表示整圈袖口尺寸为25 cm，可依设计调整大小。

4 直线连接S23→S30，S30往上8 cm定袖开衩，S25~S31均分为二定S33，直线连接S23→S33→S32。

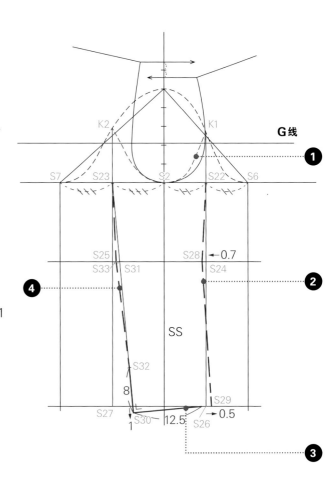

步骤五

1 自S22、S28、S29往左右各2.5 cm，直线连接K3→K7→K9，K4→K8→K10；再从K3和K4垂直往上画至袖山线定K5和K6。

2 自S23往左右各2 cm，S33往左右各1.2 cm，直线连接K12→K15→S32，K11→K16→S32；再从K12和K11顺着线条弧线往上画至袖山线定K13和K14。

3 S32~Y1 = 1.5 cm，Y1~Y2 = 1.5 cm，Y2~Y3 = 3 cm。

! 此款袖扣为两颗扣子，扣子数量可依设计而不同。

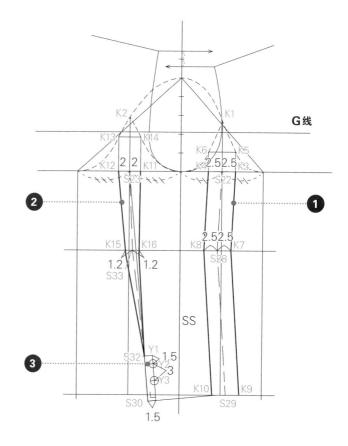

步骤六

1 红色线条为外袖完成线。

2 蓝色线条为内袖完成线。

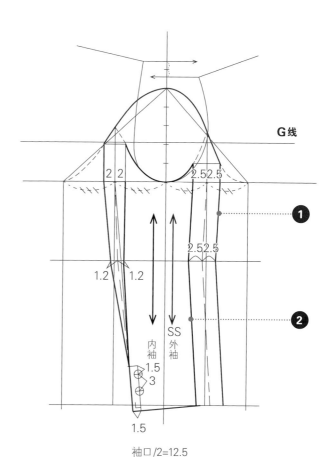

袖口/2=12.5

**口袋
位置**

1 自W2~P1取8 cm，P1~P2取5 cm，
P2~P3取5 cm。

2 P2~P4 = 13~14 cm，P3~P5 =
13~14 cm，画出长方形。
▌ 口袋大小依款式设计而不同。

3 自P4和P5往上2 cm定P6和P7，直线
连接P2→P6、P3→P7，P7再往左
0.7~1 cm定P8，连接P6→P8。
▌ 因为此款式腰线至下摆的线条为A线
条，所以口袋线条与衣身下摆和胁边要
大致平行。

4 平行P2~P6往下0.5~0.7 cm画线
P9~P10，P3和P8修圆角。
▌ 此款口袋为双滚边盖式口袋，袋口滚边
宽为0.5~0.7 cm，袋盖角为弧线。

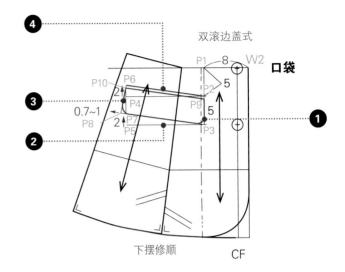

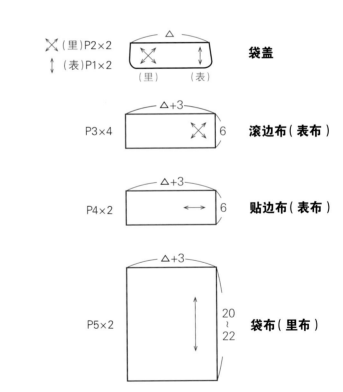

Version · 修版

衣身
修版

表领片
修版

表领
修版

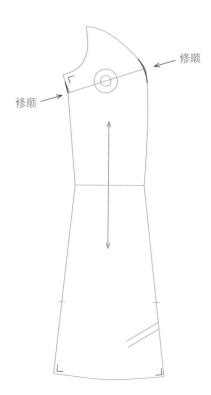

修顺

修顺

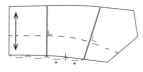

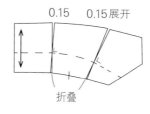

0.15   0.15展开

折叠

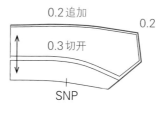

0.2追加

0.3切开   0.2

SNP

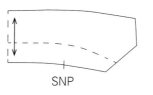

SNP

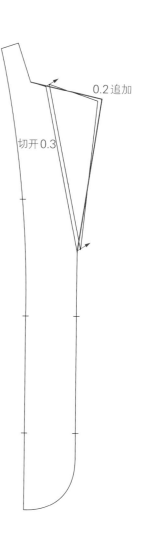

0.2追加

切开0.3

步骤一

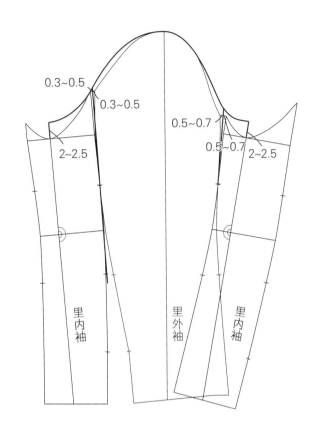

步骤二

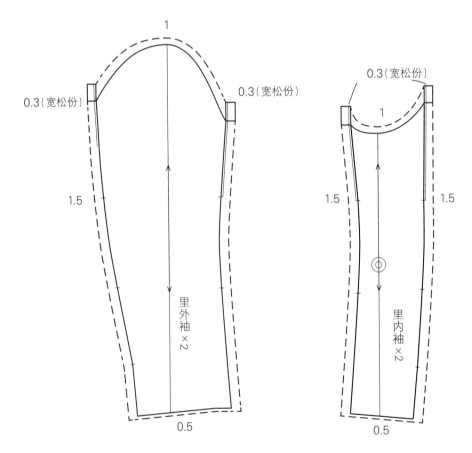

表布
分版

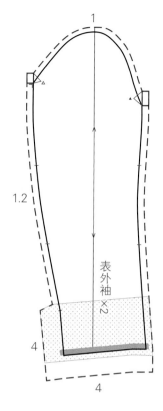

表外袖×2

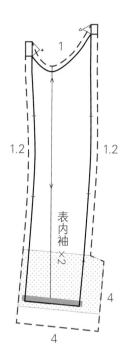

表内袖×2

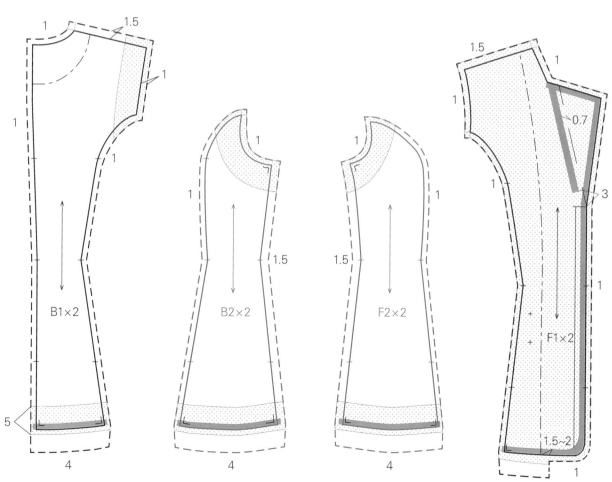

B1×2

B2×2

F2×2

F1×2

里领

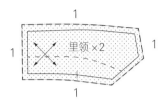

里领×2

表领

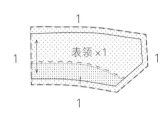

表领×1

后贴边

CB×1

前贴边

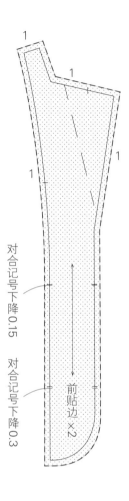

对合记号下降0.15

对合记号下降0.3

前贴边×2

里布
分版

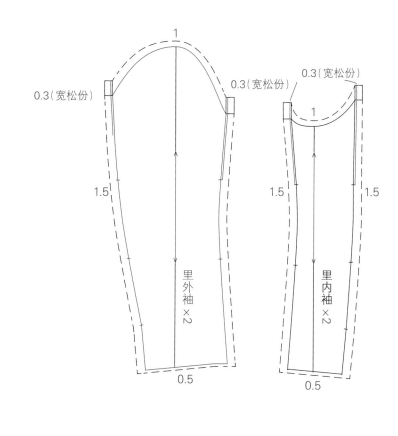

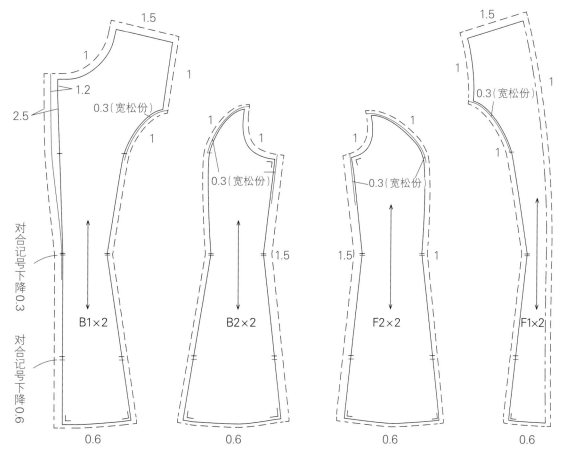

Sewing · 缝制

正面

材料说明

正布（表布）：

单幅：（衣长＋缝份）×2＋（袖长＋缝份）

双幅：（衣长＋缝份）＋（袖长＋缝份）

里布：用布量约比表布少33 cm

衬布：依照个人设计所需用衬量不同，如局部衬用衬量少，全衬用衬量多。一般局部衬用衬量以前片贴边长度＋缝份为主要用量；全衬的用衬量与表布同。

扣子：前片中心3颗、袖扣4颗

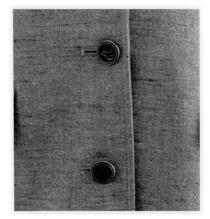

表布制作

❶ 车缝后中心剪接线

❷ 车缝后中心腰环

❸ 车缝后片左右派内尔剪接线

❹ 车缝前片派内尔剪接线

❺ 车缝前片口袋

❻ 车缝前后肩线

❼ 车缝上领片＋下领片（里领接衣身领口，表领接前后片贴边，再对合车缝领外围线）

❽ 车缝前后胁边线

❾ 车缝内外袖剪接线＋后袖开衩

❿ 表布上袖

⓫ 车缝衣身下摆＋袖子下摆

⓬ 开扣眼＋缝扣子（如开布扣眼，则在上里布前就可先开好）

里布制作

1 车缝后片派内尔剪接线＋后中心线

2 车缝前片派内尔剪接线

3 车缝前后片肩线＋胁边线

4 里布与表布贴边缝合

5 车缝袖子

6 上袖山衬＋垫肩

7 表里布内部细节固定（袖下线、肩线、袖窿、胁边线）

8 表里布下摆＋袖口手缝固定（下摆和袖口亦可用车缝法制作）

背面

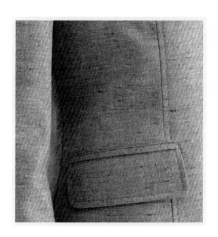

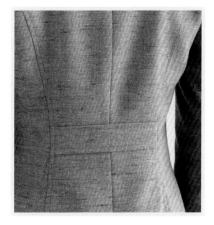

2 剑领外套

设计重点

剑领

三面构成

单滚边盖式口袋

双排扣

后开衩

二片袖

基本尺寸（cm）

胸围（B）：83

腰围（W）：64

臀围（H）：92

背长：38

腰长：19

袖长：54+3

手臂根部围：36

衣长：腰围线（WL）下25

Pattern Making · 打版

步骤一

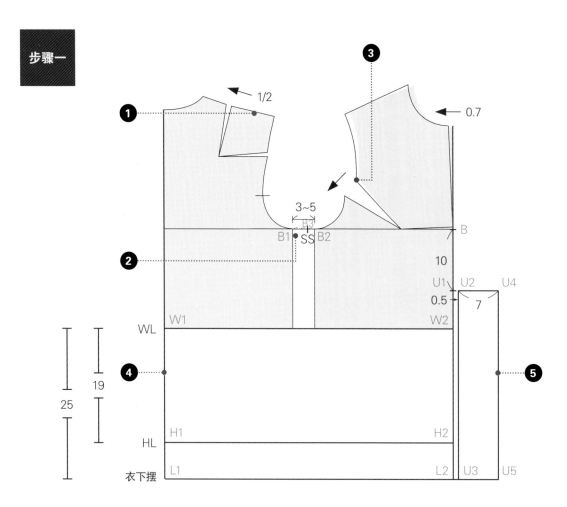

1 将1/2肩褶转至袖窿。
　⚠ 转移至袖窿的分量作为松份。

2 前后片胁边增加松份B1~B2 = 3~5 cm，均分
　为三定B3，B3为胁边线处。
⚠ B2~B3取1份为前片松份，B1~B3取2份为后片
松份，此款以原型为基础再增加3~5 cm，依设计款
式增减宽度。

3 将袖窿褶转至前中心领口0.7 cm，其余的胸褶
　褶份2/3当袖窿的松份，1/3会转至领围做领褶
处理。

4 衣长自W1~L1取25 cm，腰长自W1~H1取19 cm，
　延伸至前中心线。

5 B~U1 = 10 cm，再往外0.5 cm定U2，自U2平
　行前中心线往下画至下摆线定U3；U2~U4 =
7 cm为前门襟宽。
⚠ B往下10 cm为领子翻领线的高度，前中心往外
0.5 cm是要增加因为布料厚度而减少的尺寸。此款
外套为双排扣，持出份为7 cm；所有尺寸皆会因为
布料特性不同和设计变化而调整。

步骤二

1 W1~W3 = 1 cm，自W3画W1~W2的平行线，目的是提高腰线。

2 N~B0均分为二定M，W3~W4 = 1.5 cm，连接M→W4再平行后中心线往下画至下摆线定V2。

❗ 后中心有开衩设计，故借此后腰缩入1.5 cm，增加合身度。

3 W4~V1 = 5 cm，依序划出开衩宽度3.5 cm。

4 在臀围线上取H3~H5 = H/2+5~6，H4~H5分量为●。

❗ H/2+5~6，+5~6 cm是臀围的松份，可依款式需求调整尺寸，H4~H5 = ●表示所需松份不足，将在后片臀围上利用后片剪接线交叉重叠来补出不足的松份。

5 N1~N2 = 1 cm，弧线连接N2~N为后领围。A1~A2往上提高0.5 cm，直线连接N2→A2，此为后肩线。

❗ 领围线要与后中心线垂直，前后片肩线在肩点处往上提高0.5 cm，目的是增加垫肩的厚度。

6 自N3~N4取0.5 cm，A3~A4往上提高0.5 cm，直线连接N4→A4，此为前肩线。

❗ 量后肩线N2~A2 = △，在前肩线取△ – 0.5 cm = N4~A4，为前肩线。故后肩线大于前肩线0.5 cm，此分量为后肩缩份，缩份的多少与体型和布料特性有关，可依需求增减。

7 在原型版上的对合点M1~M2 = 0.5~0.7 cm，B3~B4 = 1~1.5 cm，弧线连接A2→M2→B4为后袖隆（后袖隆要与肩线垂直）。

8 弧线连接A4→R1为前袖隆（前袖隆要与肩线垂直）。B2~D1 = 3 cm，弧线连接D1~B4，D1~D2 = 1 cm，弧线连接R2→D2。

❗ 此款剑领是三片构成，利用前片剪接线，在袖隆处扣除前胸褶多余的松份。

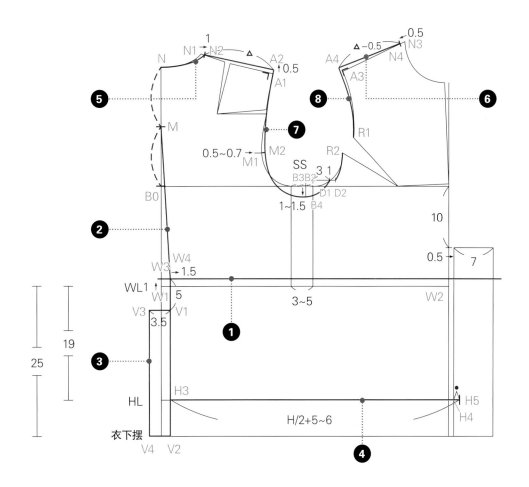

步骤三

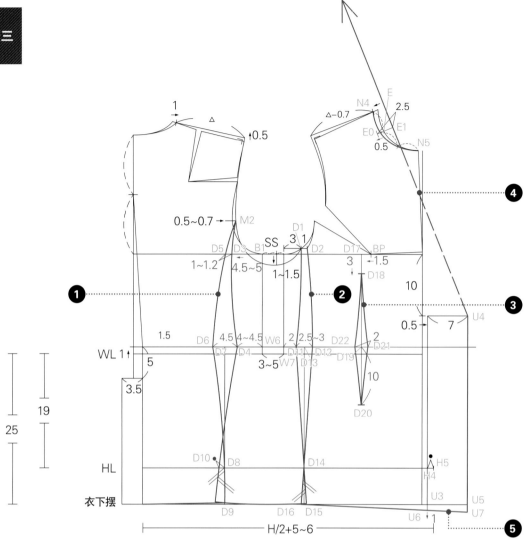

1 B1~D3 = 4.5~5 cm，W6~D4 = 4~4.5 cm，弧线连接 M2→D3→D4，D3~D5 = 1~1.2 cm，D4~D6 = 4.5 cm，弧线连接 M2→D5→D6。D4~D6均分为二定 D7，自 D7画至下摆定 D9，在臀围线上取 D8~D10 = ●，弧线连接 D6→D8→D9，D4→D10→下摆，交叉重叠与下摆取垂直。

❗ 后片剪接线在臀围线处加入臀围不足的松份（●），再加上交叉重叠线为弧度，所以后片腰线以下的线条会略往外呈现膨出的线条，可依款式变化改成直线。

2 自 D1和 D2依序画出剪接线，腰线褶宽 D11~D12 = 2.5~3 cm，直线连接 D11→D14→下摆（D15），D12→D14→下摆（D16），再与下摆线取垂直。

3 自 BP往 左 1.5 cm定 D17，D17~D18 = 3 cm，自 D18~D22依序画出前片胸下褶宽。

❗ 所有褶宽大小皆会影响衣服的宽松度，可依体型、设计款式来调整尺寸。

4 将前领围 N4~N5均分为三，1/3处定 E，E~E0取 0.5 cm，E~E1取 2 cm，即 E0~E1平行肩线取 2.5 cm，直线连接 U4→E1往上延伸。

❗ E0~E1的尺寸为前领腰高，可依设计提高或降低。U4→E1的延长线是前领的翻领线。

5 U3~U6=1 cm，直线连接 D16→U6并延长，与 U4~U5延长线交叉于 U7。

❗ 此款前中心下摆较后片长，可依设计而调整尺寸。

步骤四

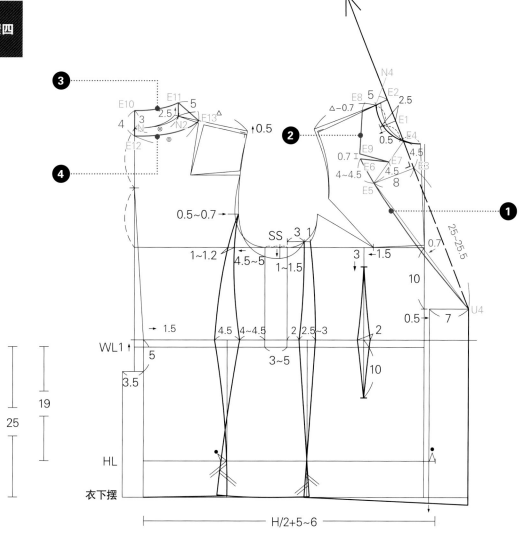

1 自N4延长肩线与翻领线交叉定E2，U4~E3 = 25~25.5 cm，E3~E4 = 4.5 cm，垂直翻领线E3~E5 = 8 cm，直线连接E4→E5，E5→U4，画出0.7 cm的弧线，依序画出E5~E7剑领的高度。

▌U4~E3决定下领片宽度位置，E3~E5 = 8 cm为下领片宽，皆可依设计调整尺寸。

2 E2~E8 = 5 cm，E9~E6 = 0.7 cm，直线连接E8→E9→E7。

▌此步骤为设计领型的前置作业，可依设计款式线条自由决定尺寸。

3 自N~E10取3 cm，N2~E11取2.5 cm，弧线连接E11→E10。

▌N~E10 = 3 cm为后领腰高，N2~E11 = 2.5 cm此段为侧领腰高，E11~E10弧线为翻领线。领腰高尺寸大小可依设计而不同。

4 自E10~E12取4 cm，E11取5 cm直线落至肩线定E13，弧线连接E13→E12。

▌E11~E13为侧领宽，E10~E12 = 4 cm是后领宽，E13~E12弧线是领外围线。领腰高和领宽尺寸大小都会因款式而不同，但要注意：领宽要大于领腰才能盖住领围线。

步骤五

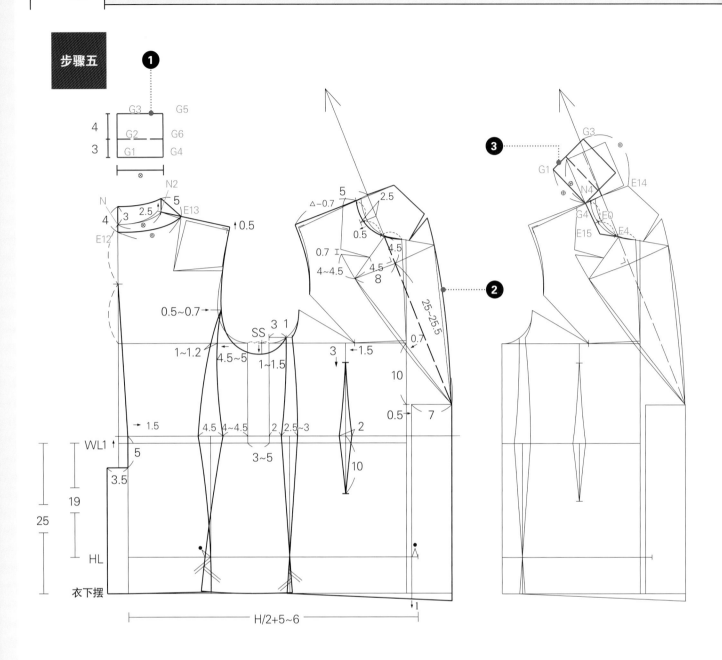

1 N2~N为后领围(⊗)，E13~E12为后领外围线(◎)。G1~G2 = 3 cm即后领腰高，G2~G3 = 4 cm即后领宽，G1~G4 = ⊗(即后领围)，G2~G6即翻领线(此纸型为方便前片制作上领片)。

2 将前片翻领线左边的领型线条复制到右边。

3 将纸型G4点与前片N4对合，往左倾倒后使G3~E14 = ◎(后领外围线)；直线连接N4→E0并延长与E4延长线交会定E15。

❗ G3~E14是后领外围线长度，此线段过长，后领外围会松浮；此线段过短，后片衣身领围处会起皱。

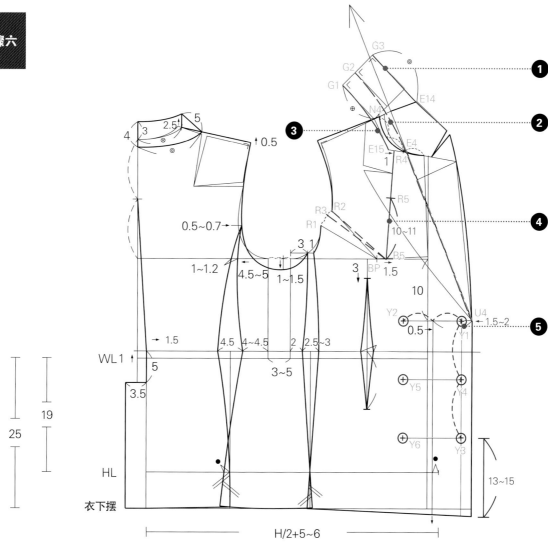

1 将 G3→E14 线条修顺。
⚠ 注意此为领外围线，要与领子后中心线垂直。

2 将 G2→E4 线条修顺。
⚠ 注意此为翻领线，要与领子后中心线垂直。

3 侧颈点 N4 往外 0.7~1 cm 修顺领围线。

4 取胸褶 1/3（R2~R3）直线连接至 B5（BP~B5 = 1.5 cm）；E15~R4 = 1 cm，直线连接 R4→B5，B5~R5 = 10~11 cm（将胸褶 1/3 转至领围，B5~R5 为转移后的领褶长度止点。此褶长度止点位置要依下

领片的宽度而改变，主要目的是避免褶子露到领子外面）。

5 扣子的位置：自 U4 往内 1.5 ~ 2 cm，按图示尺寸自 Y1 依序画至 Y6，共 6 颗扣子。

⚠ 此款为双排扣设计，注意：扣眼开在右身片上，只开 Y1、Y4、Y3 的位置，其他 3 颗是装饰扣。可依个人设计、扣子大小而调整扣子位置和数目。此款打版图为 6 颗扣子，但实际完成品因扣子较大，改为 4 颗扣子的设计。

⚠ 双排扣内层贴边要另开一个内扣，以防下片中心往下垂。

步骤七

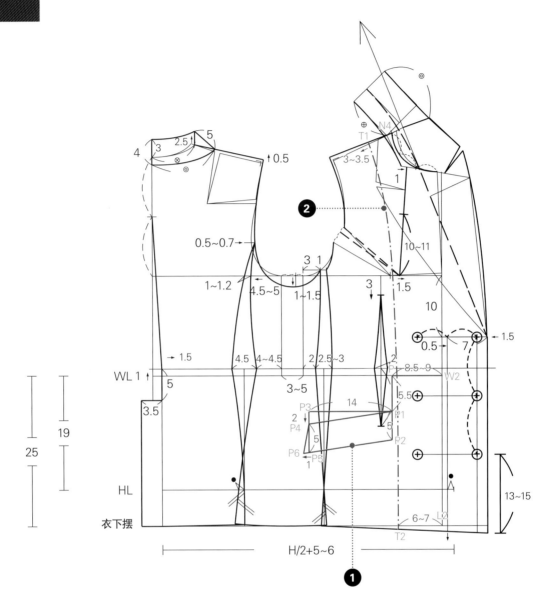

1 口袋位置：自W2~P取8.5~9 cm，P~P1取5.5 cm，
P1~P2取5 cm。如图尺寸依序画出口袋各点位并连
接（口袋的位置和尺寸可依设计而变化）。

2 自N4~T1取3~3.5 cm，L2~T2取6~7 cm，T1垂
直肩线一段后画弧线再直线连接至T2。

！ 此版为前贴边，注意T1~T2的线条要与肩线和下摆
线垂直。此款只有前贴边，无后贴边设计，后片里布直
接延伸至领围线。

步骤八

基本尺寸（cm）

袖长：54+3=57

肘线（EL）：54/2+2.5 = 29.5

袖山高：5/6

袖口：26

1 依照前后衣身版型描绘肩线和袖窿。

2 描绘 G 线、袖窿底线和胁边线。

! G 线就是前片胸褶的位置，作为画前后袖山线的参考位置。

3 从 A2 向右画直线，从 A4 向左画直线，分别与胁边延长线交会，将交会段均分为二定 S1。将 S1~S2 均分为六，取 5/6 当袖山高（即 S3~S2），自 S2 所引的水平线即袖宽线。

! 袖山高的高低会影响袖宽的宽度，袖山高越高袖宽越小，袖山高越低袖宽越大，可依设计款式而决定。

4 自 S3~S4 取 袖长 54+3 = 57 cm，EL 肘线位置是 54/2+2.5 = 29.5 cm。

! 袖长可依设计决定长度，EL 肘线位置的高低可依设计或体型上的比例线条而调整。

5 自 S3~S6 取前袖窿（FAH），自 S6 与袖中心线（即袖子胁边线）平行画直线至 S7。

6 自 S3~S8 取后袖窿（BAH+0.5~1），自 S8 与袖中心线（即袖子胁边线）平行画直线至 S9。

! 前后袖窿尺寸都是从衣身袖窿量得，后袖窿（BAH+0.5~1），+0.5~1 cm 是后片袖山的缩份，袖山缩分的多少会依设计和布料特性而增减，如果布料不易缩或袖山不想太蓬，则袖山缩份就要减少。

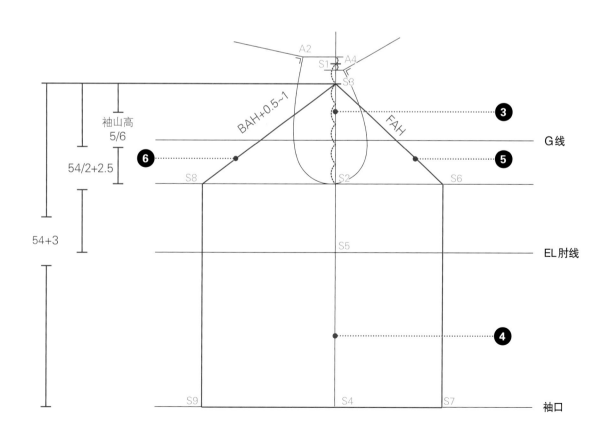

步骤九

1 FAH/4 = ●，S3~S10 = ●，S10~S11 = 1.8~1.9 cm，V1往上1 cm定S12，S12~S6均分为二定S13，S13~S14 = 1.5 cm，弧线连接 S3→S11→S12→S14→S6。

2 S3~S15 = ●，S15~S16 = 1.9~2 cm，V2往下1 cm定S17，S17~S8均分为二定S18，S18~S19 = 1~1.2 cm，弧线连接S3→S16→S17→S19→S8。

⚠ 注意S3袖山顶点要保持水平，量取袖山弧线长度与衣身前后袖窿差，就是袖山的缩份，缩份的多少和布料特性、设计袖子款式有关。

3 S2~S6均分为二定V3，S2~S8均分为二定V4，自V3和V4分别与袖中心线平行画出两条直线，往下画至下摆，往上画至袖山线。

⚠ 两条平行线为前后袖宽的中心线，此为画二片袖的基础线。

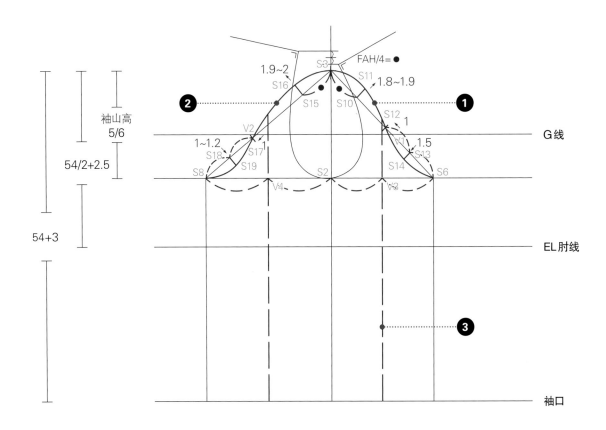

步骤十

1 V5~K3 = 0.7 cm，V7往上1 cm再往右0.7 cm定
K4，直线连接V3→K3→K4。

2 K4~K5 = 13 cm，K5距袖口线1 cm。
⚠ K4~K5 = 13 cm，表示整圈袖口尺寸为
26 cm，可依设计调整大小。

3 直线连接V4→K5，V6~K6均分为二定K7，直线
连接V4→K7→K5。

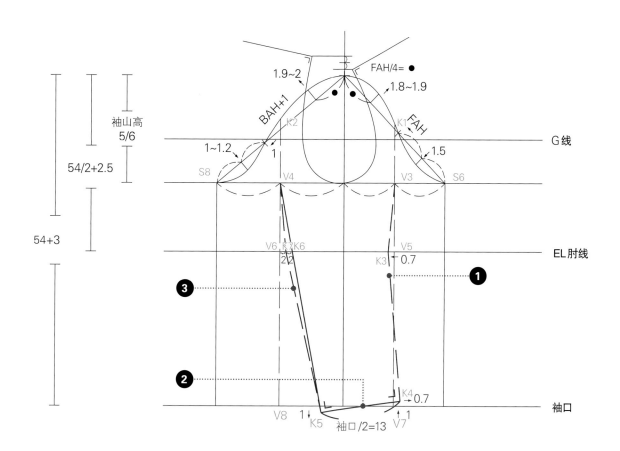

步骤十一

1 自K1~S6弧线反拓至K1~S2；K2~S8弧线反拓至K2~S2。

2 自V3、K3、K4往左右各2 cm，直线连接Q1→Q3→Q5，Q2→Q4→Q6；再从Q1和Q2垂直往上画至袖山线定Q7和Q8（Q7和Q8为水平高度）。

3 自V4往左右各3 cm，K7往左右各2 cm，K5往左右各2 cm，直线连接Q9→Q11→Q13，Q10→Q12→Q14；再从Q9和Q10顺着线条弧线往上画至袖山线定Q16和Q15。

❗ 此款亦为二片袖，但画法和西装领二片袖略不同，此款的外袖和内袖宽度差较西装领二片袖大。

4 Q14往上8 cm定Q17为袖开衩止点。Q17往右1.5 cm定Y，Y往下2 cm定Y1，Y1为第1颗袖开衩装饰扣，Y1~Y2 = 3 cm，Y2为第2颗袖扣。

❗ 此款为两颗袖扣，亦可依设计而调整扣子的数量。

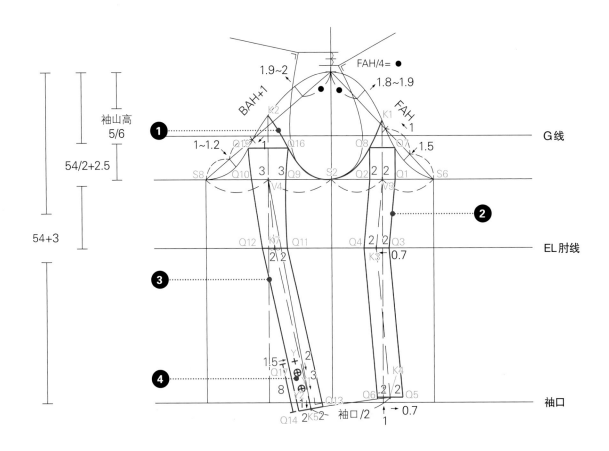

Version · 修版

衣身
修版

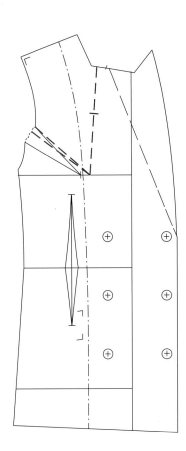

❶

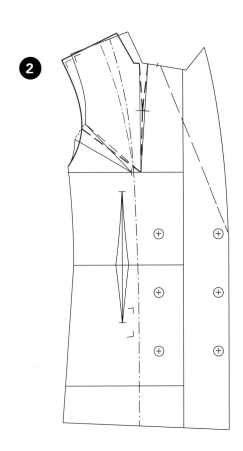

❷

贴边
修版

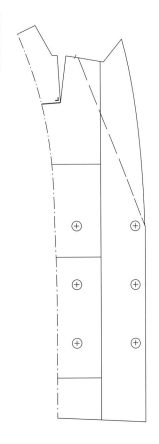

0.2追加

☆

0.3切开

对合记号下降0.3

对合记号下降0.6

表领
修版

❶

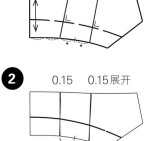

❷

0.15   0.15展开

折叠

❸

0.2追加

0.3切开

0.2

❹

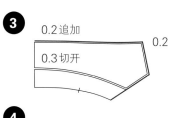

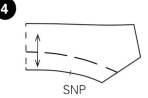

SNP

Version・分版

里布修版

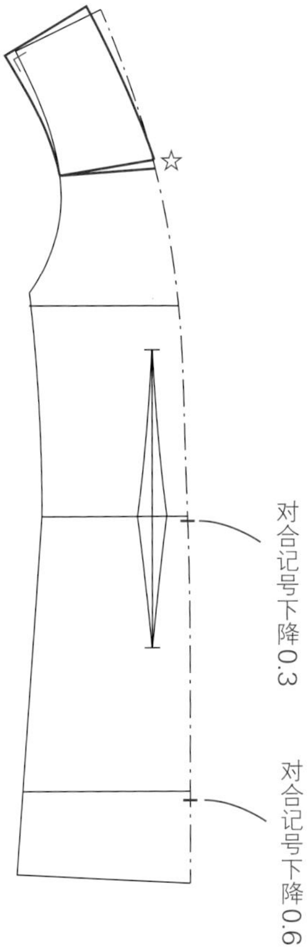

表布一

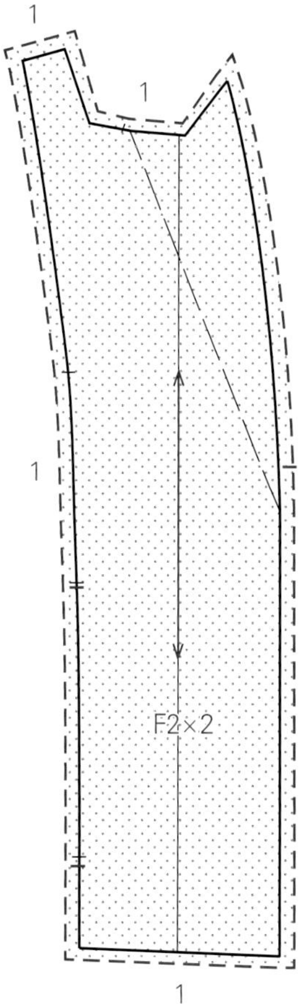

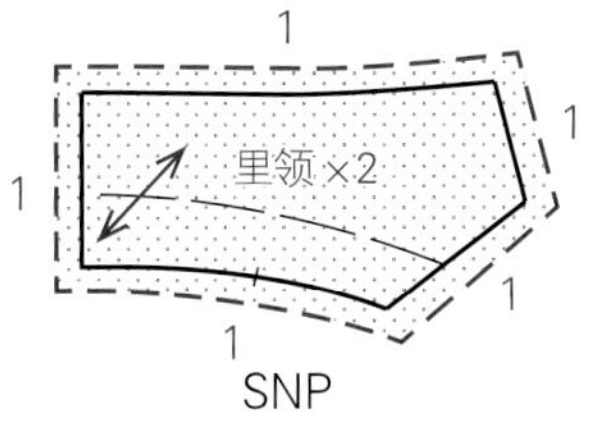

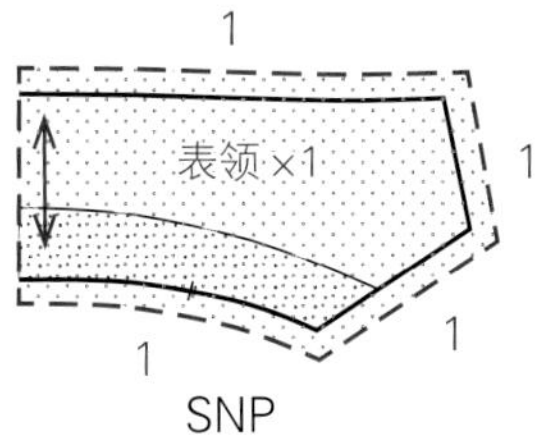

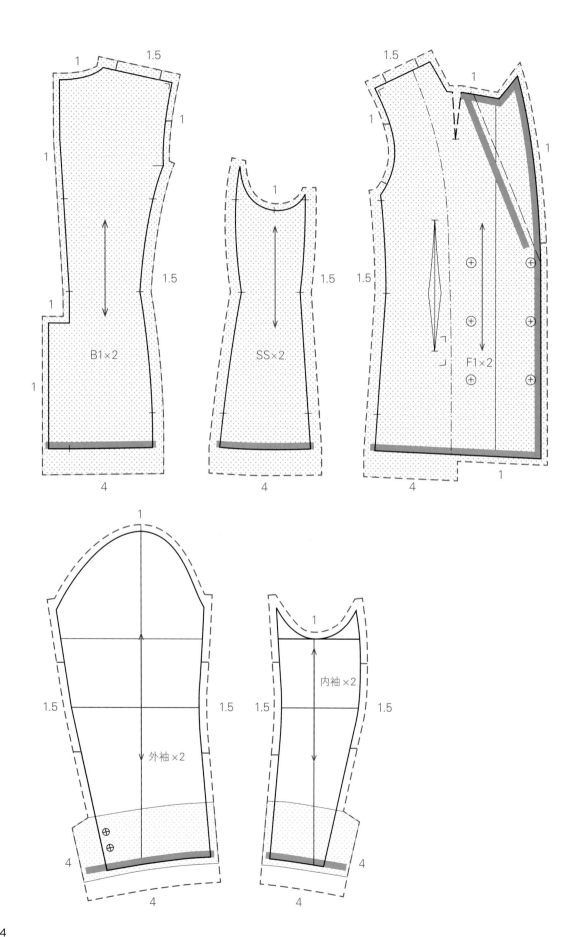

表布二

1　1.5

1　1

B1×2

1

1.5

1

1

4

1

SS×2

1

1.5

4

1.5　1

1.5

F1×2

4　1

1

外袖×2

1.5　1.5

4

4

1

内袖×2

1.5　1.5

4

4

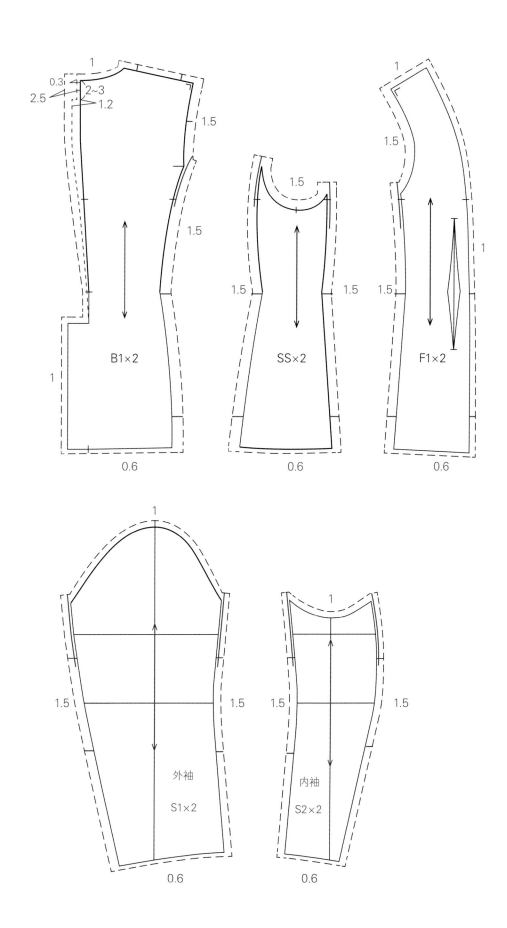

B1×2

SS×2

F1×2

外袖
S1×2

内袖
S2×2

Sewing · 缝制

正面

材料说明

正布（表布）：

单幅：（衣长＋缝份）×2＋（袖长＋缝份）

双幅：（衣长＋缝份）＋（袖长＋缝份）

里布：用布量约比表布少33 cm

衬布：依照个人设计所需用衬量不同

扣子：前片中心4颗、内扣1颗、力扣4颗、

袖扣4颗

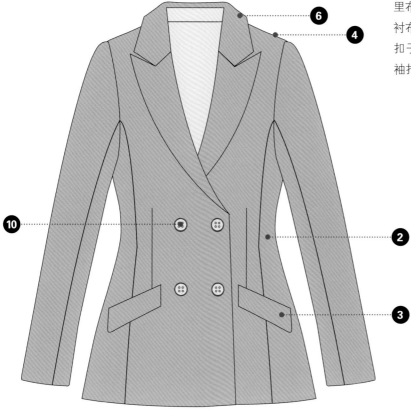

表布制作

❶ 车缝后中心开衩

❷ 车缝前片腰褶、领褶 + 胁片

❸ 车缝前片口袋

❹ 车缝前后肩线

❺ 后片接胁片剪接线

❻ 车缝上领片 + 下领片（里领接衣身领口，表领接前后片贴边，再对合车缝领外围线）

❼ 车缝内外袖剪接线 + 后袖开衩

❽ 表布上袖

❾ 车缝衣身下摆 + 袖子下摆

❿ 开扣眼 + 缝扣子（如开布扣眼，则在上里布前就可先开好）

里布制作

1 车缝后片后中心开衩

2 车缝前片褶子和胁片

3 车缝后片和胁片

4 车缝肩线

5 里布与表布贴边缝合

6 车缝袖子

7 上袖山衬 + 垫肩

8 后开衩车缝或手缝于表布上

9 表里布内部细节固定（袖下线、肩线、袖窿、胁边线）

10 表里布下摆 + 袖口手缝固定（下摆和袖口亦可用车缝法制作）

背面

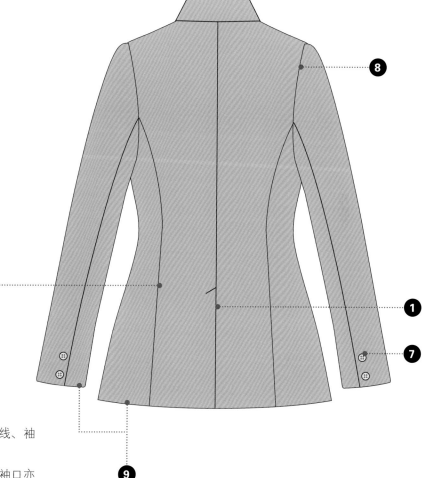

3 | 丝瓜领茧型外套

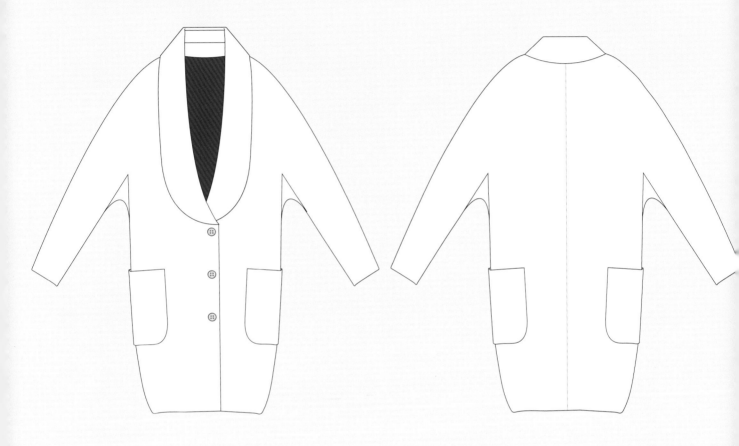

Preview · 基本资料

设计重点

丝瓜领

贴式口袋

单排扣

连袖三角衩片

二面构成

基本尺寸（cm）

胸围（B）：83

腰围（W）：64

臀围（H）：92

背长：38

腰长：19

袖长：54+3

手臂根部围：36

衣长：腰围线（WL）下45

Pattern Making · 打版

步骤一

1 将胸褶转至胁边。

2 衣长自W1~L1取45 cm，腰长自W1~H1取19 cm，延伸画至前中心线定H2；自W1水平延伸画至前中心线定W2。

3 B1~B2 = 4.5 cm，自B2平行后中心线往下画至下摆线定L3。取W3~M1 = 5 cm，取L3~L4 = 3.5 cm，直线连接M1→L4。

⚠ 此款式下摆往内缩，为茧型线条设计，B1~B2尺寸越大，胸围松份就越多；L3~L4尺寸越大，则下摆宽越小，茧型线条越明显。

4 B3~B4 = 3.5 cm，自B4平行前中心线往下画至下摆线定L5。取W4~M2 = 5 cm，取L5~L6 = 3.5 cm，直线连接M2→L6。

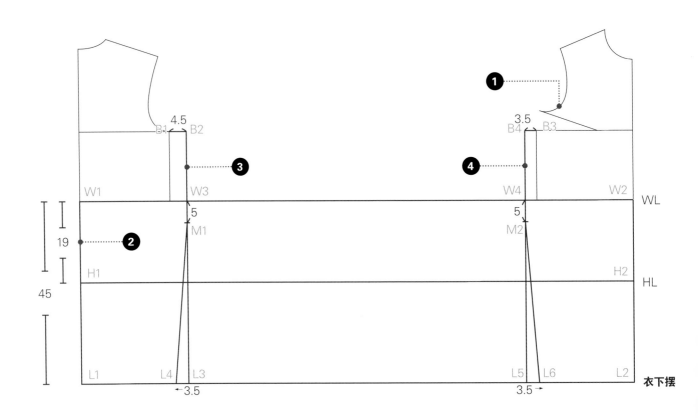

步骤二

后片

1 N~N1 = 1 cm，N2~N3 = 2 cm，弧线连接N3~N1为后领围。

2 A1往上提高1 cm定Q1，Q1~A2 = 2 cm，直线连接N3→A2，N3~A2 = ▲为后肩宽。

3 以Q1为顶点做腰长为10 cm的等腰直角三角形得Q2、Q3，Q2~Q3均分为二定Q4，Q4往上2 cm定Q5，直线连接Q1→Q5做延长线。

⚠ 以Q1为顶点做腰长为10 cm的等腰直角三角形，目的是画出连袖袖中心的倾斜度，此角度与袖子的机能性（活动空间）有关，倾斜度越大，机能性越小；倾斜度越小，机能性越大。

前片

4 自N4~N5取2 cm，A3往上1 cm，取N5~A4 = N3~A2 = ▲，A4~Q6 = 2 cm。

5 以Q6为顶点做腰长为10 cm的等腰直角三角形得Q7、Q8，Q7~Q8均分为二定Q9，Q9再往上2 cm定Q10，直线连接Q6→Q10做延长线。

6 自W2往上3 cm，再往外0.5 cm定U1，自U1平行前中心线往下画至下摆线定U2。U1~U3 = 2.5 cm，自U3平行前中心线往下画至下摆线定U4。

7 N4~N6均分为三定N7，以N7为中心，取E0~E = 3.5 cm（E0~N7 = 1.5 cm，E~N7 = 2 cm），直线连接U3→E做延长线。

⚠ E0~E = 3.5 cm为前领腰高，可依设计调整高度。

⚠ U3为翻领止点，前中心往外0.5 cm是要增加因为布料厚度而减少的尺寸，U1~U3是持出份。

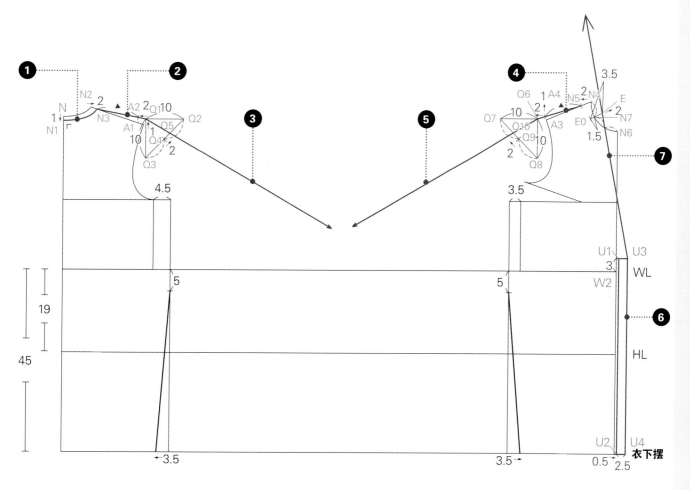

步骤三

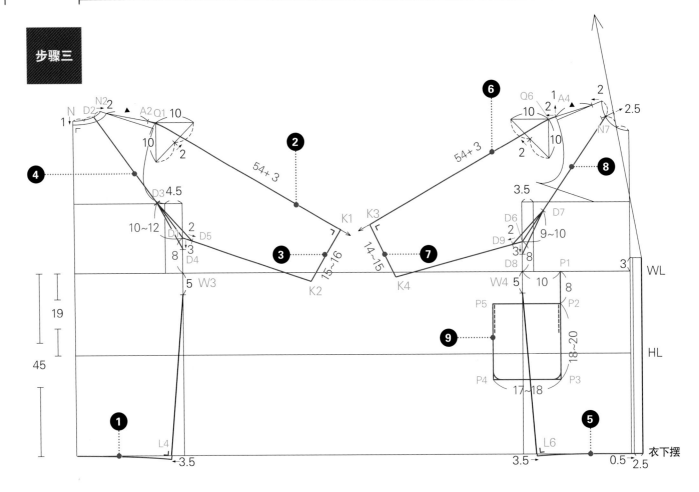

后片

1 下摆L4往下0.5~0.7 cm，再与胁边取垂直。

2 取A2~K1 = 54+3 = 57 cm，Q1处修顺。
！ 袖长 = 54+3，可依设计需求增减长度。

3 垂直袖中心线取K1~K2 = 15~16 cm，W3~D1 = 8 cm，直线连接D1→K2。
！ 此款整圈袖口尺寸为29~31 cm，后袖口尺寸大于前袖口，所以取K1~K2 = 15~16 cm，袖口大小可依设计而调整尺寸。W3~D1的高度尺寸决定了连袖袖窿深度，此段尺寸越小，袖窿深度越大，袖宽越大，活动量越大。

4 将N~N2均分为三定D2，直线连接D2→D1；取D1~D3 = 10~12 cm，D1~D4 = 3 cm，D1~D5 = 2 cm，直线连接D3→D4、D3→D5。
！ 此款设计为连袖加三角衩布，D3→D4→D5为三角衩布的位置和长度，展开的分量于步骤四说明。

前片

5 下摆L6往下0.5~0.7 cm，再与胁边取垂直，确认W4~L6 = W3~L4。

6 取A4~K3 = 54+3 = 57 cm，Q6处修顺，确认A4~K3 = A2~K1。

7 垂直袖中心线取K3~K4 = 14~15 cm，W4~D6 = 8 cm，直线连接D6→K4。

8 直线连接N7→D6；取D6~D7 = 9~10 cm，D6~D8 = 3 cm，D6~D9 = 2 cm，直线连接D7→D8、D7→D9。

9 W4~P1 = 10 cm，按图示尺寸依序画出P2、P3、P4、P5口袋的各点位并连接。
！ 此款为贴式口袋，口袋位置在胁边腰线下，跨前后片。可依设计调整口袋位置和大小。

步骤四

后片

1 k2~k5 = 0.5~0.7 cm, 自K5垂直袖下线画至 k1。

2 展开D1→D3, D3不动, D1展开5~6 cm。(展开分量越大, 袖下活动量就越大)。

3 弧线连接D4→D5 = ★。

4 N1~E5 = 4 cm, N3~E6 = 3.5 cm, 弧线连接 E6→E5。

⚠ E6→E5为翻领线, 注意要与后中心线垂直。

5 E5~E7 = 5.5~6 cm, E6~E8 = 6~6.5 cm, 弧线连接E8→E7。

⚠ E8~E7为领外围线, 注意要与后中心线垂直。

前片

6 K4~K6 = 0.5~0.7 cm, 自K6垂直袖下线画至 K3。

7 展开D6→D7, D7不动, D6展开尺寸与后片相同。弧线连接D8→D9 = D4→D5 = ★。

8 E1~E2 = 6~6.5 cm, U3~E3 = 12 cm, E3~E4 = 9.5~10 cm, 弧线连接E2→ E4→U3。

⚠ E3~E4=9.5~10 cm, 为丝瓜领的前领宽度, 可依设计调整尺寸为大丝瓜领或小丝瓜领。

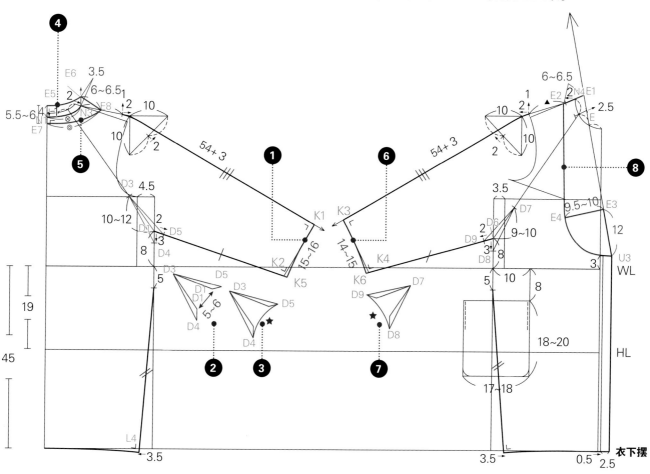

步骤五

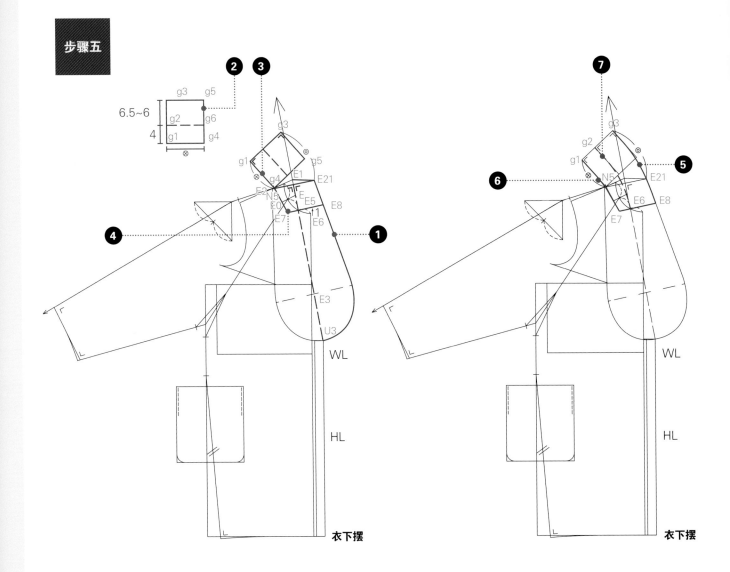

衣下摆

衣下摆

1 将下领片拓版至右边。

2 自g1~g6画出后领基本尺寸。(g1~g2是后领腰高, g2~g3是后领宽, g1~g4是后领围。)

3 将上图g4置于N5上, 向左倾倒量取g3~E21 = ◎。

⚠ g3~E21 = ◎即后领外围线, 此段务必量精确, 此段若太长, 领子会呈波浪状; 此段若太短, 后衣身会起皱。

4 直线连接E2→E0后画延长线, 自E6往上1 cm定E5, 自E5与翻领线垂直画一直线, 该直线与E2→E0的延长线交于E7。

⚠ E2→E7→E8为前领围线。

5 连接修顺g3→E21→E8。

⚠ 注意: 此线条为后领的外围线, 要与领子后中心线垂直, 线条要修顺。

6 N5往外0.7~1 cm, 再依此修顺g1→E7领围线。

7 修顺g2→E6翻领线(要与领子后中心线垂直)。

步骤六

1　N3~T1 = 3~3.5 cm，N1~T2 = 6~6.5 cm，自T1画肩线的垂直线，自T2画后中心线的垂直线，二者交叉于T3，弧线连接T1→T2（贴边线保持与肩线和后中心线垂直）。

2　N5~T4 = 3~3.5 cm，U2~T5 = 8.5~9 cm，弧线连接T4→T5。

⚠ 注意：贴边线要与肩线和下摆线垂直。

3　在前中心线上取翻领止点U3的水平位置是最上方的扣子Y1，臀围线往上2~3 cm定Y2是下方的扣子，Y1~Y2均分为二定Y3，Y3为中间的扣子。

⚠ 此丝瓜领为单排扣，共3颗扣子。

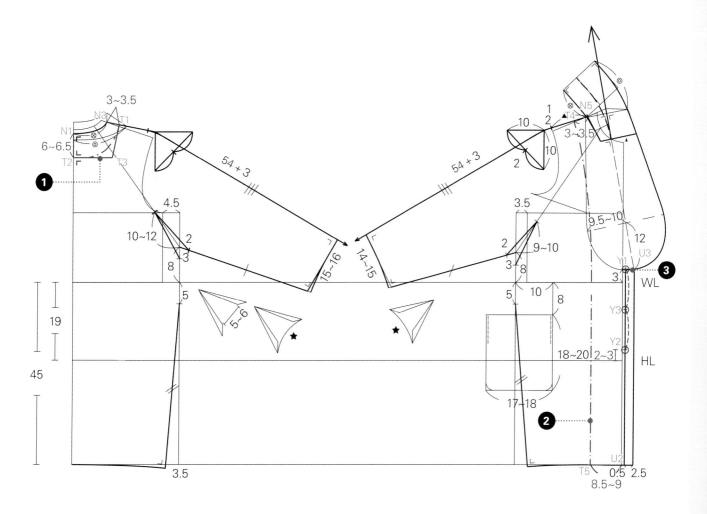

Version · 分版

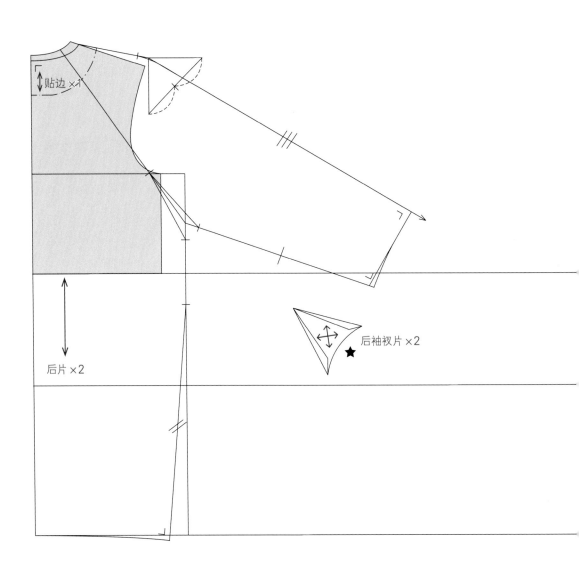

贴边 ×1

后片 ×2

后袖衩片 ×2

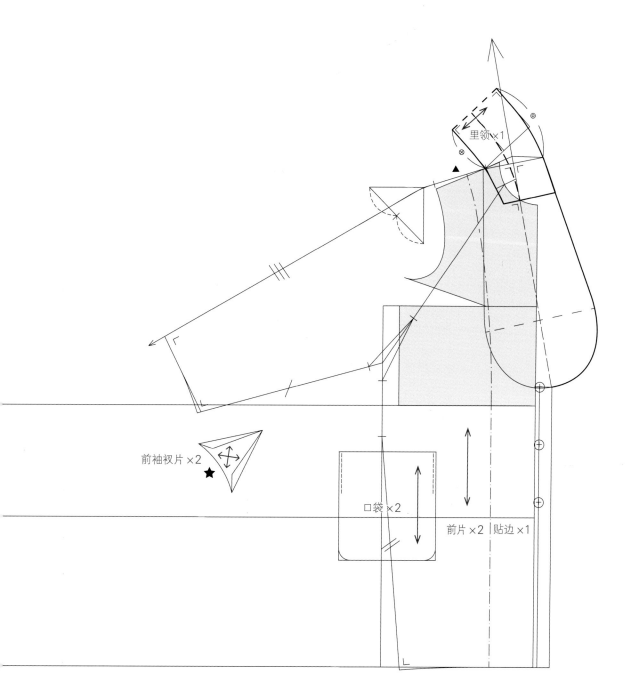

里领×1

前袖衩片×2

口袋×2

前片×2 贴边×1

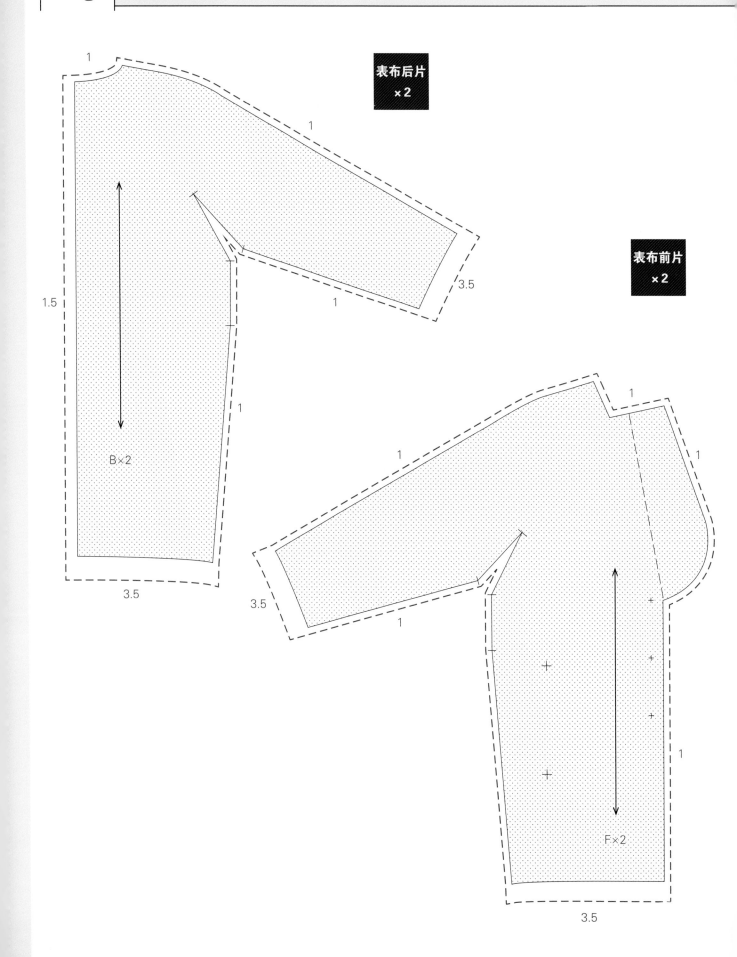

表布后片
×2

表布前片
×2

1

1

1.5

B×2

3.5

1

1

3.5

3.5

1

1

1

1

1

F×2

3.5

前贴边
×1

后领贴边
×1

B1×1

袖衩片
×4

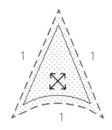 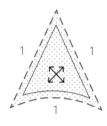

后袖衩片 ×2　　　前袖衩片 ×2

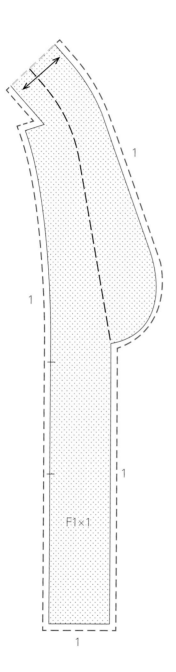

F1×1

口袋
×2

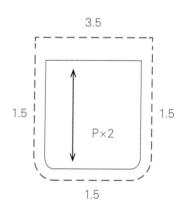

3.5

1.5　　P×2　　1.5

1.5

里领
×1

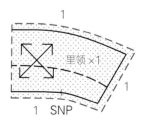

里领 ×1

1　SNP

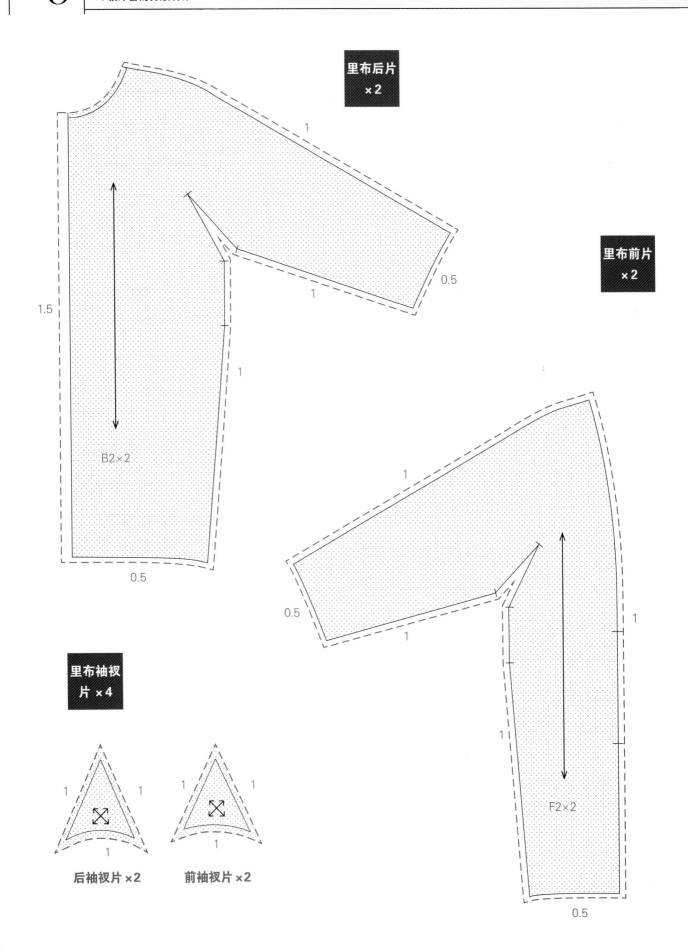

里布后片 ×2

里布前片 ×2

1.5

1

0.5

1

1

B2×2

1

0.5

1

里布袖衩 片 ×4

0.5

1

1

F2×2

1

1

1

0.5

1

1

1

1

1

后袖衩片 ×2   前袖衩片 ×2

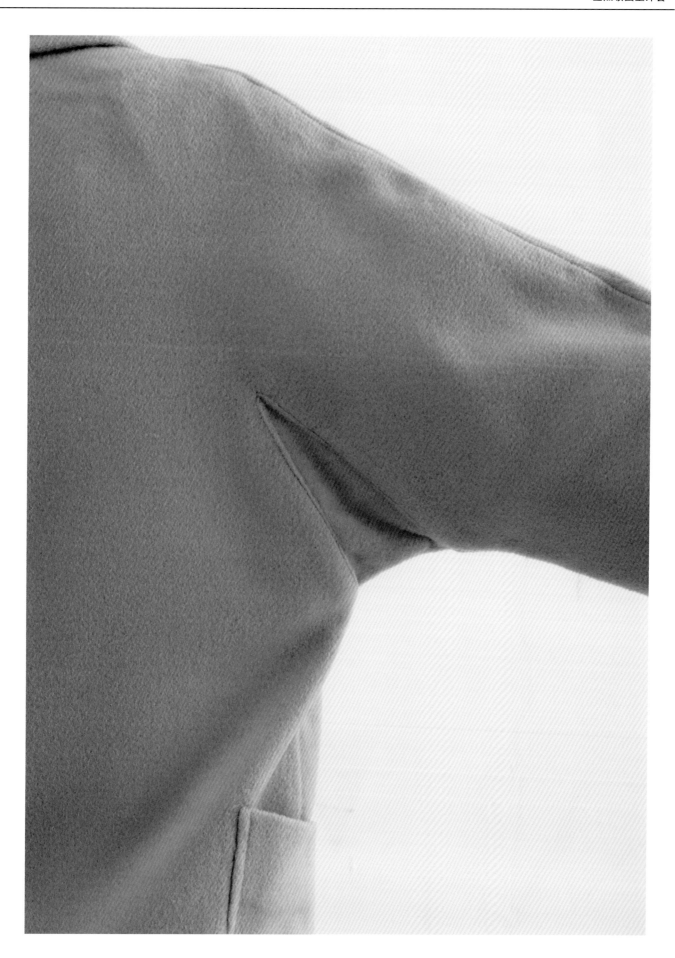

Sewing · 缝制

正面

材料说明

正布（表布）：

单幅：（衣长＋缝份）×2＋（袖长＋缝份）

双幅：（衣长＋缝份）＋（袖长＋缝份）

里布：用布量约比表布少33 cm

衬布：依照个人设计所需用衬量不同

扣子：前片中心3颗、力扣3颗

  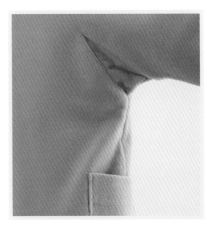

表布制作

❶ 车缝前片袖下衩片

❷ 车缝后片袖下衩片

❸ 车缝袖子袖中心线

❹ 车缝袖子袖下线 + 衣身胁边线

❺ 车缝口袋

❻ 车缝领子

❼ 车缝下摆 + 袖口

❽ 车缝扣眼，缝扣子

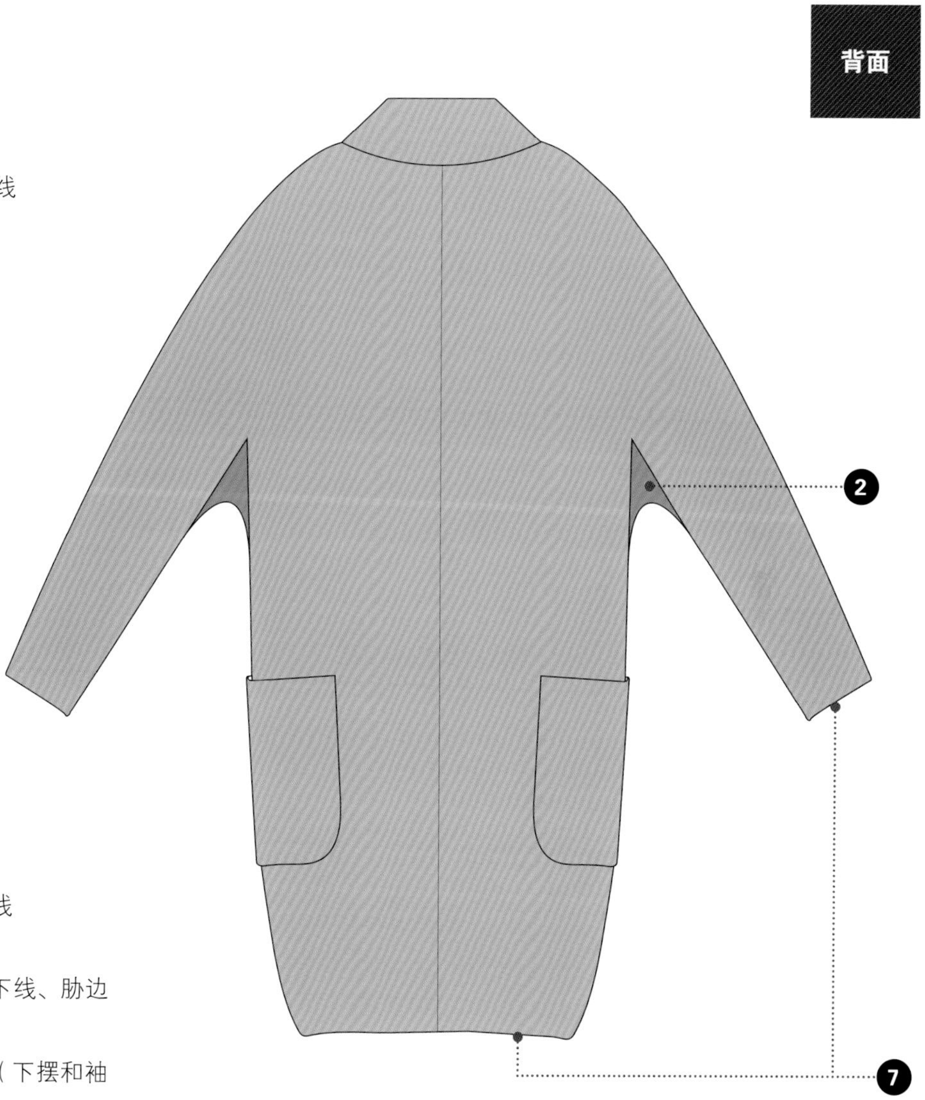

里布制作

1 车缝前片袖下衩片

2 车缝后片袖下衩片

3 车缝袖子袖中心线

4 车缝袖子袖下线 + 衣身胁边线

5 里布与表布贴边车缝

6 表里布内部细节固定（如袖下线、胁边线）

7 表里布下摆 + 袖口手缝固定（下摆和袖口亦可用车缝法制作）

4 拿破仑领连袖外套

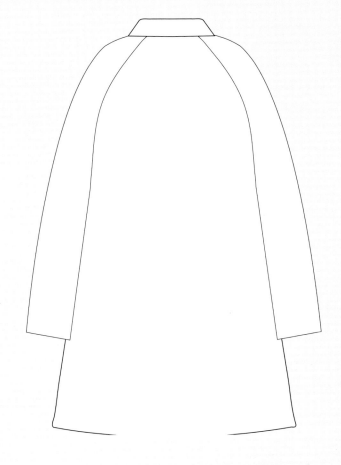

Preview · 基本资料

设计重点

拿破仑领

立式口袋

双排扣

连袖

圆弧袖开衩

二面构成

基本尺寸（cm）

胸围（B）：83	
腰围（W）：64	
臀围（H）：92	
背长：38	
腰长：19	
袖长：54＋3	
手臂根部围：36	
衣长：腰围线（WL）下38	
袖口：26	

Pattern Making · 打版

步骤一

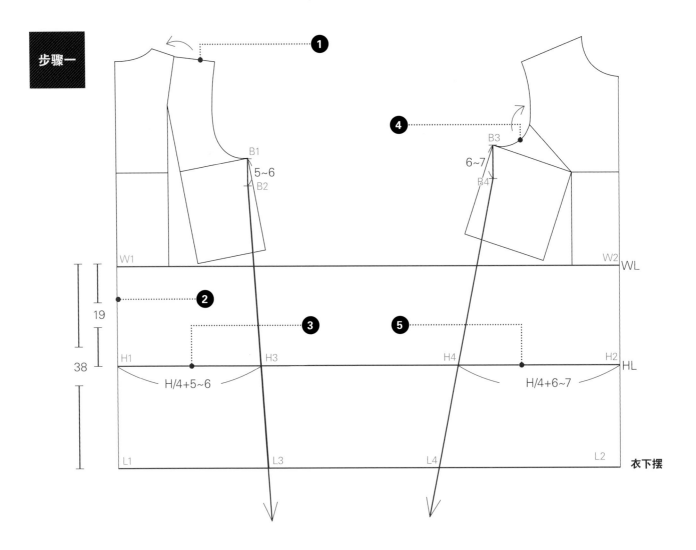

后片

1 将肩褶转至下摆。

2 衣长自W1~L1取38 cm，腰长自W1~H1取19 cm，延伸画至前中心线定H2。自W1水平延伸画至前中心线定W2。

3 H1~H3 = H/4+5~6，B1~B2平行后中心线往下取5~6 cm，直线连接B2→H3，延伸画至下摆线定L3。

⚠ B1~B2往下取的尺寸越大，袖窿深度越大，连袖袖宽越宽松。

4 将前胸褶转至下摆。

5 H2~H4 = H/4+6~7，B3~B4平行前中心线往下取6~7 cm，直线连接B4→H4，延伸画至下摆线定L4。

⚠ 前片H/4+6~7，后片H/4+5~6，此款利用松份做前后差，所以松份前多后少。

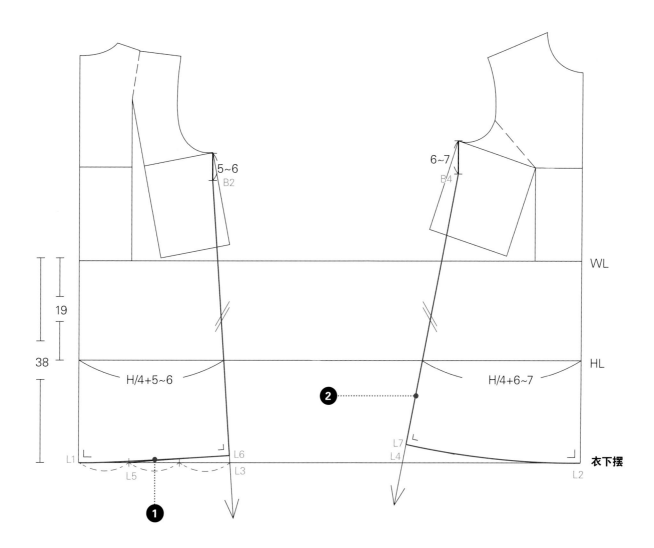

前片

1 L1~L3均分为三定L5，自L5画胁边线的垂直线
定L6，被动获得L3~L6的高度。

2 量取B2~L6 = B4~L7，胁边线再与下摆线取垂
直。

步骤二

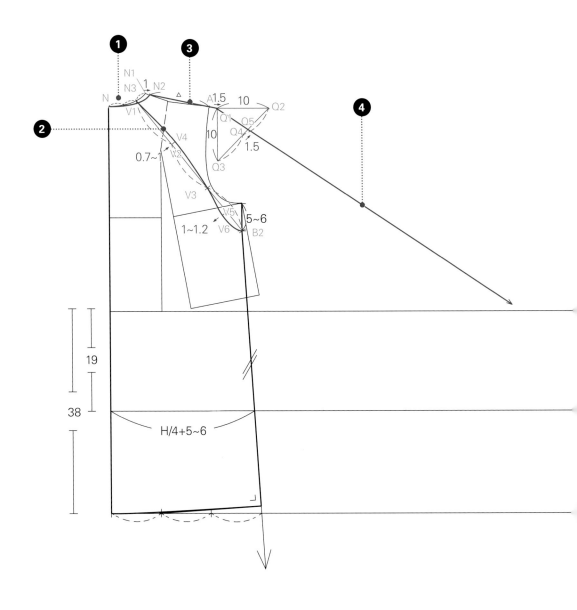

后片

1 N1~N2 = 1 cm，弧线连接N2~N为后领围。

🔳 领围线要与后中心线垂直。

2 N~N1均分为三定N3，直线连接N3→B2，V1~B2均分为三定V2、V3，V3~B2均分为二定V5，V2~V4 = 0.7~1 cm，V5~V6 = 1~1.2 cm，弧线连接V1→V4→V3→V6→B2。

🔳 注意：拉克兰袖剪接线要与胁边线垂直，剪接线的高低和线条弧度，可依设计而变化。

3 N2~A = △为后肩宽，A~Q1 = 1.5 cm。

🔳 A~Q1 = 1.5 cm为连袖袖山与肩点的接合缓冲份。

4 以Q1为顶点做腰长10 cm的等腰直角三角形定Q2、Q3，Q2~Q3均分为二定Q4，Q4往上1.5 cm定Q5，直线连接Q1→Q5并延长。

🔳 以Q1为顶点做腰长10 cm的等腰直角三角形，目的是画出连袖袖中心的倾斜度，此角度与袖子的机能性（活动空间）有关，倾斜度越大，机能性越小；倾斜度越小，机能性越大。

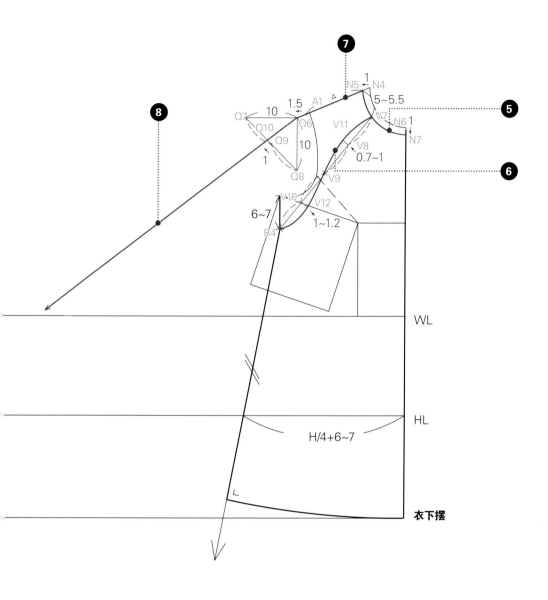

前片

5 N4~N5取1 cm，N6~N7取1 cm，弧线连接N5~N7为前领围。

⚠ 领围线要与后中心线、肩线垂直。

6 N5~V7 = 5~5.5 cm，直线连接V7→B4，将V7~B4均分为四定V8、V9、V10，V8~V11 = 0.7~1 cm，V10~V12 = 1~1.2 cm，弧线连接V7→V11→V9→V12→B4。

⚠ 前后片的拉克兰袖剪接线的曲度不同，可依设计而变化。

7 N5~A1 = N2~A = △ 为前肩宽，A1~Q6 = 1.5 cm。

8 以Q6为顶点做腰长10 cm的等腰直角三角形定Q7、Q8，Q7~Q8均分为二定Q9，Q9往上1 cm定Q10，直线连接Q6→Q10并延长。

步骤三

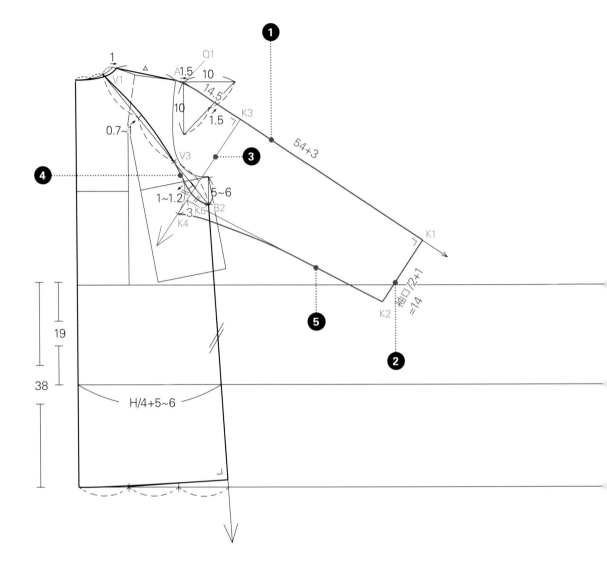

后片

1 取 A~K1 = 54+3 = 57 cm。Q1 处修顺。

2 垂直袖中心线取 K1~K2（袖口宽）=14 cm。

⚠ 袖口宽 = 袖口（26）/2 + 1 = 14 cm，袖口宽可依设计调整宽度。

3 A~K3 = 14.5 cm，自 K3 垂直袖中心线取袖宽线。

⚠ A~K3 为袖山高，袖山高低影响袖口宽，袖山高越高活动量越小，袖山高越低活动量越大。

4 V3~K4 与 V3~B2 取等长。

⚠ 注意 V1→V3→K4 线条要修顺。

5 K4~K5 = 3 cm，直线连接 K5→K2；再用弧线连接 K4→K2。

⚠ 注意袖下线要和拉克兰袖剪接线、袖口线垂直。

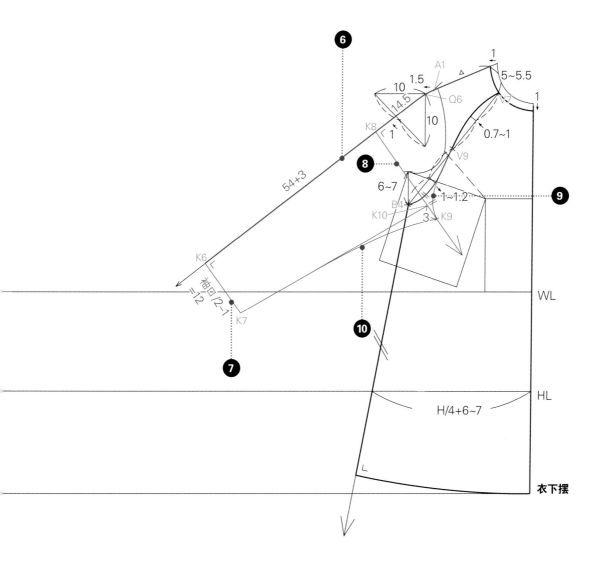

前片

6 取A1~K6 = 54+3 = 57 cm。Q6处修顺。

7 垂直袖中心线取K6~K7（袖口宽）=12 cm。

⚠ 袖口宽 = 袖口（26）/2 – 1 = 12 cm。

8 A1~K8 = 14.5 cm，自K8垂直袖中心线取袖宽线。

9 V9~K9 与 V9~B4 取等长。

⚠ 注意：V7→V9→K9线条要修顺。

10 K9~K10 = 3 cm，直线连接K10→K7；再用弧线连接K9→K7。

⚠ 注意袖下线要和拉克兰袖剪接线、袖口线垂直。
对合：后袖下 K9~K7 = 前袖下 K4~K2

步骤四

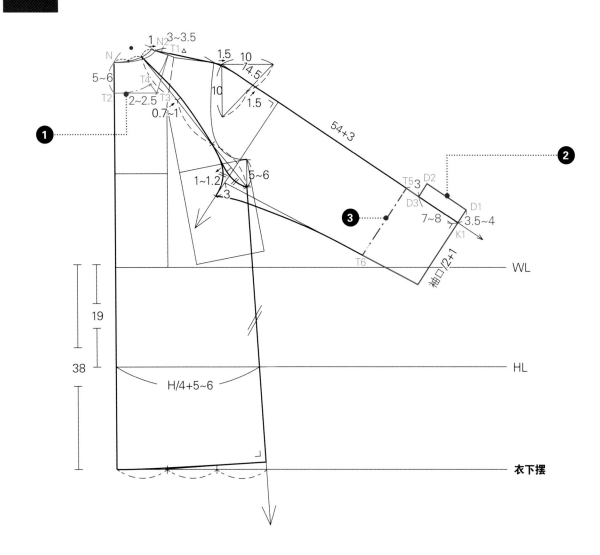

后片

1 N2~T1 = 3~3.5 cm，N~T2 = 5~6 cm，
自T1画肩线的垂直线，自T2画后中心线的垂
直线，二者交于T3，T3~T4 = 2~2.5 cm，弧线连接
T1→T4→T2。

⚠ 注意：贴边线要与肩线和后中心线垂直。

2 K1~D1 = 3.5~4 cm，K1~D3 = 7~8 cm，画出
长方形定D2。

⚠ K1~D1是开衩持出宽，K1~D3是开衩高度。

3 D3~T5 = 3 cm，平行袖口线画出袖口贴边线
T5→T6。

前片

4 B~U1 = 7 cm，U1~U2 = 0.5 cm，自U2画前中
心线的平行线至下摆线定U3。

⚠ U1为翻领止点的水平位置，U1~U2 = 0.5 cm是
要增加因为布料的厚度而减少的尺寸。

5 U2~U4 = 8 cm，自U4画前中心线的平行线至
下摆线定U5，直线连接L2→U5。

⚠ U2~U4 = 8 cm是双排扣的尺寸范围，尺寸范围
越大前中心重叠份就越多，可依设计款式而调整。

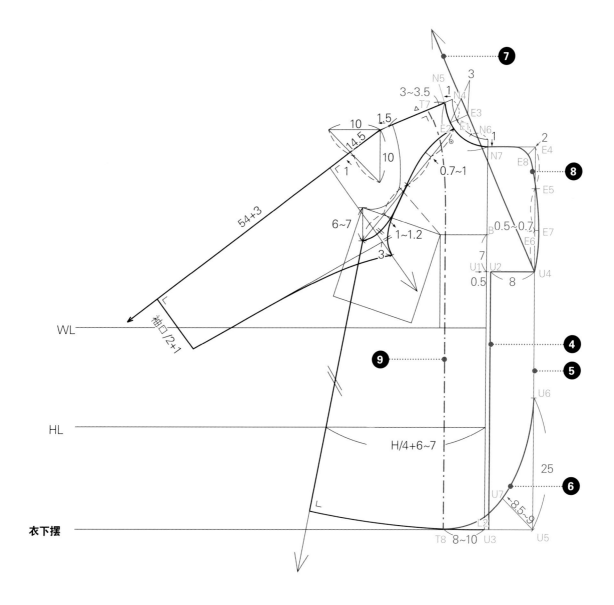

6 U5~U6 = 25 cm，U5~U7 = 8.5~9 cm，L2~T8 = 8~10 cm，弧线连接U6→U7→T8。

⚠ 前中心下摆线为圆弧状，可依设计调整圆弧的大小。

7 N4~N6均分为三，1/3处定E1，以E1位置为参照，与肩线平行取E2~E3 = 3 cm，直线连接U4→E3往上画延长线。

⚠ E2~E3 = 3 cm（E1~E2=1 cm，E1~E3=2 cm），是前领腰高，U4→E3延长线是领子的翻领线。

8 自U4往上延长画前中心线的平行线，与N7的水平延长线交于E4，E4~U4均分为三定E6、E5，

E6~E7 = 0.5~0.7 cm，E4~E8 = 2 cm，弧线连接N7→E8→E5→E7→U4。

⚠ 此为下领片，领型为圆弧状，可依设计调整领片大小和形状。

9 N5~T7 = 3~3.5 cm，L2~T8 = 8~10 cm，T7垂直肩线一段后画弧线再直线连接至T8（贴边垂直于肩线和下摆线）。

步骤五

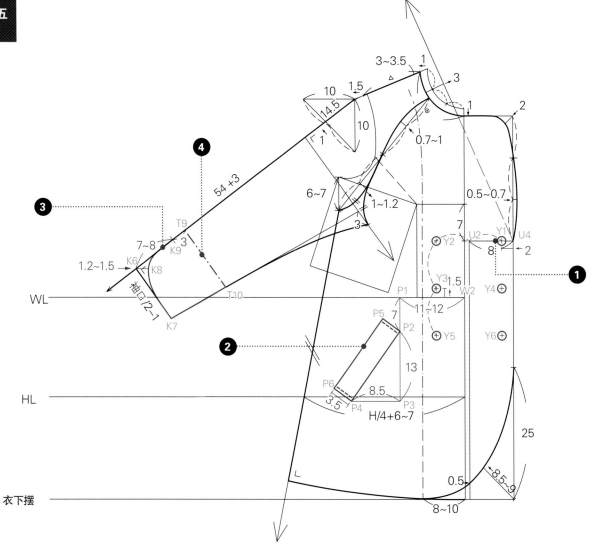

1 U4~Y1 = 2 cm，Y1是第1颗扣子，按图示尺寸依序画出Y2、Y3、Y4、Y5、Y6，Y6是第6颗扣子。

❗ 此款为双排扣，共6颗扣子。

2 W2~P1 = 11~12 cm，按图示尺寸自P1依序画出口袋的各点位并连接。

3 自K6斜45°角往外1.2~1.5 cm定K8，K6~K9 = 7~8 cm，自K9往K8修圆角。

❗ 前片袖开衩是圆弧状。

4 K9~T9 = 3 cm，自T9与袖口线平行画贴边线至T10。

❗ 前后袖口贴边布可在袖下线合并连裁，本款制作为分裁。

步骤六

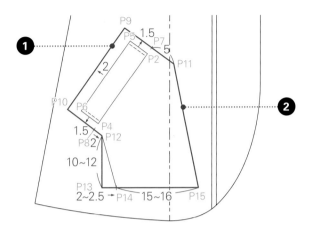

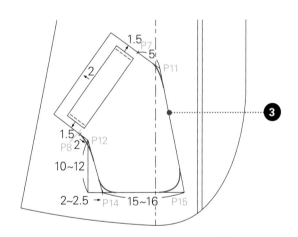

口袋

1 自P2和P4往外1.5 cm定P7、P8,再往上画超
过袋口2 cm定P9、P10,直线连接P9→P10。

2 P7~P11 = 5 cm, P8~P12 = 2 cm, P12~P13 =
10~12 cm, P13~P14 = 2~2.5 cm,直线连接
P12→P14;P14~P15 = 15~16 cm,直线连接P11→P15。

3 连接P7→P11→P15,拐角的地方修成弧线,
连接P8→P12→P14,拐角的地方修成弧线。

领子　步骤一

步骤二

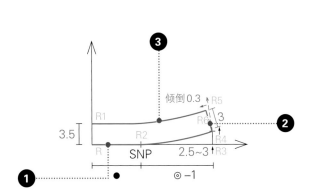

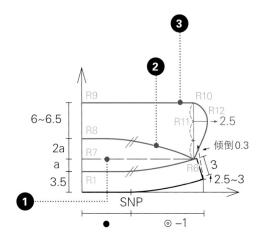

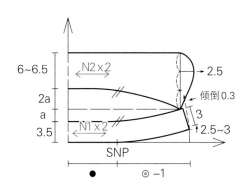

1 R~R1 = 3.5 cm，R~R2 = 后领围（BN），R2~R3 = 前领围（FN）－1。

⚠ R~R1是后领高，前后领围（FN、BN）要对合量取前后片衣身上的领围尺寸。

2 R3~R4 = 2.5~3 cm，弧线连接R4→R2；R4垂直往上3 cm定R5。

⚠ R3~R4此部位提高越多，领子越贴合脖子；前领围（FN）－1，－1 cm是因为R3往上尺寸较大，所以R4~R2的长度会比R3~R2长，故先扣除多余的分量。

3 R5~R6 = 0.3 cm，弧线连接R6→R1。

⚠ 注意：R6→R1要与后中心线垂直。

1 以R6为基点，垂直后中心线画一直线定R7。

2 R1~R7 = a，R7~R8 = 2a，弧线连接R8→R6。

⚠ 注意：R8~R6要与后中心线垂直，R8~R6 = R1~R6，若R8~R6 > R1~R6，可由后中心点或前中心点扣除多余的尺寸。

3 R8~R9 = 6~6.5 cm，自R9画后中心线的垂直线，自R6画后中心线的平行线，二者交于R10；R10~R6均分为三定R11，R11~R12 = 2.5 cm，弧线连接R10→R12→R6。

Version・分版

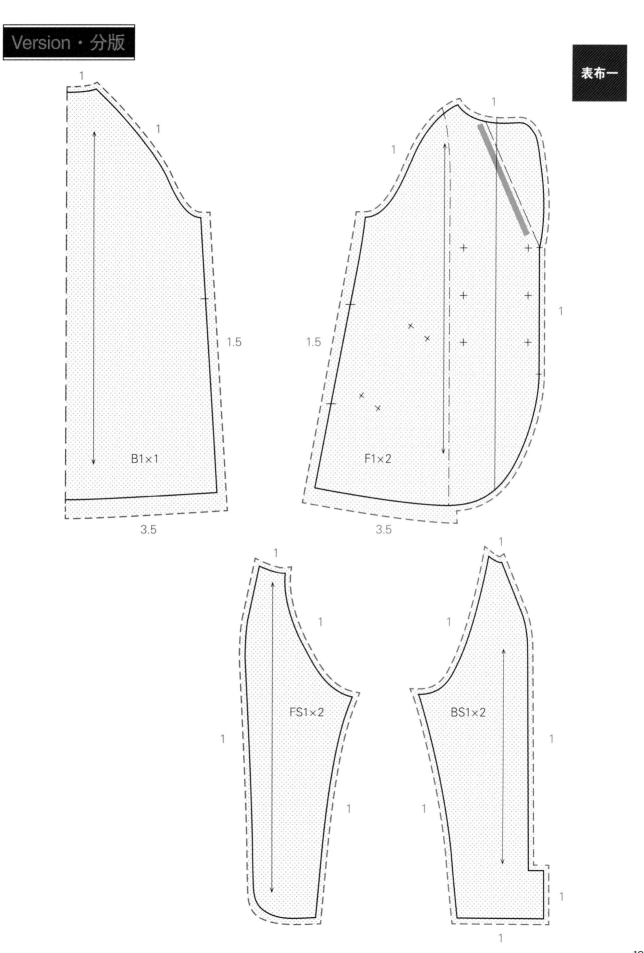

1

1

1.5

1.5

B1×1

F1×2

3.5

3.5

1

1

1

1

FS1×2

BS1×2

1

1

1

1

1

表布二

领子

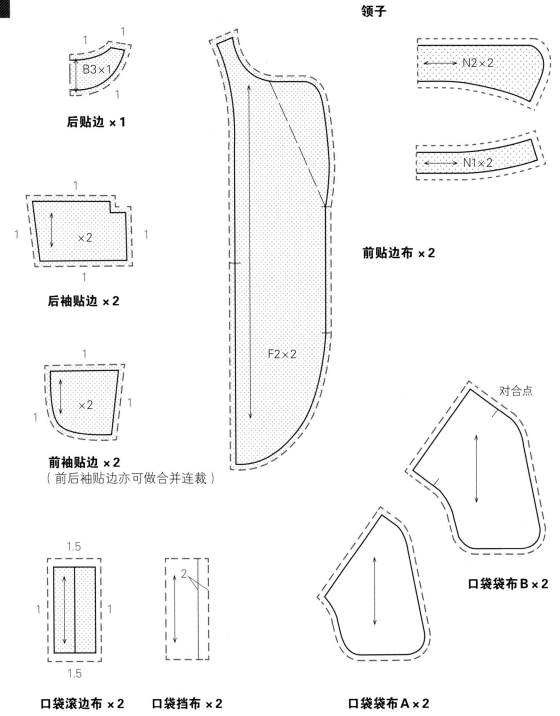

B3×1

后贴边 ×1

N2×2

N1×2

×2

后袖贴边 ×2

前贴边布 ×2

×2

前袖贴边 ×2
（前后袖贴边亦可做合并连裁）

F2×2

对合点

口袋袋布B×2

1.5

1.5

口袋滚边布 ×2   口袋挡布 ×2   口袋袋布A×2

里布

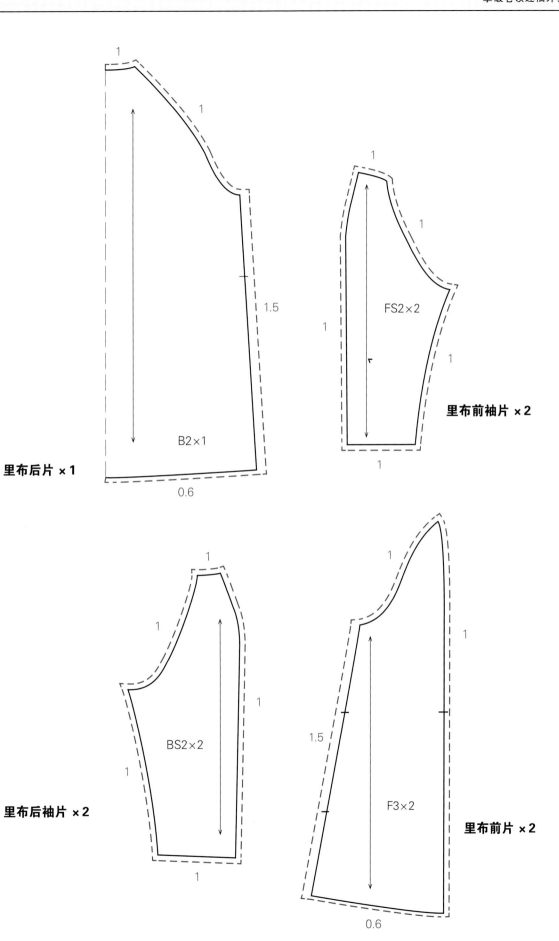

1

B2×1

里布后片 × 1

0.6

1.5

FS2×2

里布前袖片 × 2

1

BS2×2

里布后袖片 × 2

1

1.5

F3×2

里布前片 × 2

0.6

Sewing · 缝制

正面

材料说明

正布（表布）：

单幅：（衣长＋缝份）×2＋（袖长＋缝份）

双幅：（衣长＋缝份）＋（袖长＋缝份）

里布：用布量约比表布少33 cm

衬布：依照个人设计所需用衬量不同

扣子：前片中心6颗、内扣1颗、力扣6颗、

袖扣2颗

表布制作

❶ 车缝前片口袋

❷ 车缝前后片胁边线

❸ 袖开衩 + 袖下线

❹ 接袖（即拉克兰袖剪接线）

❺ 车缝领子（上领片、下领片）

❻ 车缝衣身下摆

❼ 开扣眼 + 缝扣子（如开布扣眼，则
在上里布前就要先开好）

里布制作

1 车缝前后片肩线、袖下线

2 车缝前后片胁边线

3 上袖

4 里布与衣身贴边车缝

5 车缝表里布领口 + 袖口

6 表里布下摆车缝固定（在袖下或衣身胁
边留一段不车缝作为返口，等翻至正
面后，再用手缝或压缝方式缝合）

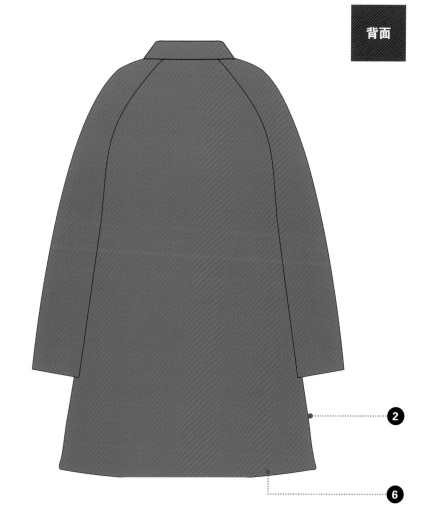

背面

5 | 棒球外套

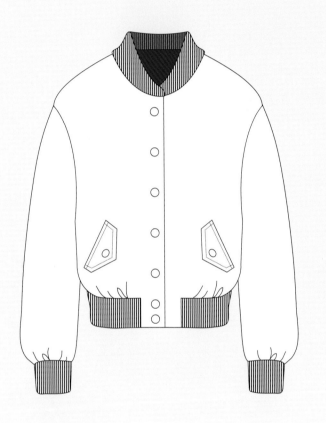
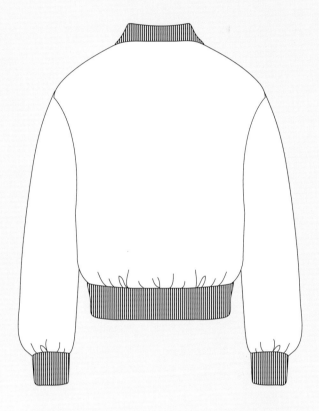

Preview · 基本资料

设计重点

罗纹立领

立式口袋

单排四合扣

落肩袖

罗纹袖口

基本尺寸（cm）

胸围（B）：83	
腰围（W）：64	
臀围（H）：92	
背长：38	
腰长：19	
袖长：54+6（罗纹）	
手臂根部围：36	
衣长：腰围线（WL）下15+6（罗纹）	

Pattern Making · 打版

步骤一

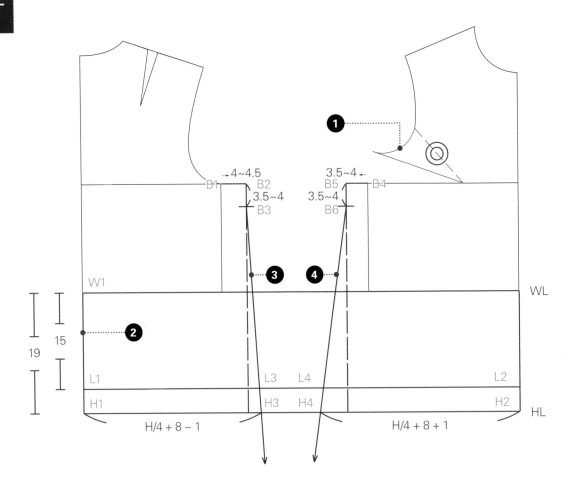

前片

1 将前胸褶转至胁边。

后、前片

2 腰长自W1~H1取19 cm，衣长自W1~L1取15 cm，延伸至前中心线。

3 自B1~B2往外取4~4.5 cm，B2~B3取3.5~4 cm，H1~H3 = H/4 + 8−1=30 cm，直线连接B3→H3。

⚠ B1~B2往外越多，衣服越宽松；B2~B3往下取的尺寸越大，袖窿深度越大，落肩袖袖宽越宽松；H/4+8−1，+8 cm是臀围松份，−1 cm是前后差。虽然此款衣长未及臀围线，但可以臀围宽为基础来定胁边的衣身宽。

4 自B4~B5往外取3.5~4 cm，B5~B6取3.5~4 cm，H2~H4 = H/4 + 8 cm + 1 cm = 32 cm，直线连接B6→H4。

步骤二

后片

1 L1~L3均分为三定L5，自L5画胁边线的垂直线定L6。

2 N1~N2取1~1.5 cm，弧线连接N2~N为后领围。

⚠ 领围线要与后中心线垂直。

3 A往上提高1.5 cm定A1，A1 ~ A2=2 cm。直线连接N2→A1。

⚠ A~A1提高的尺寸是作为衣服布料厚度和增加袖窿松份的分量。

前片

4 取B6~L12 = B3~L6。

5 N3~N4取1~1.5 cm，N5~N6取1.5~2 cm，弧线连接N4~N6为前领围。N6~N7 = 1.5 cm，自N7平行前中心线画至下摆定L7，L7~L8 = 2 cm，再自L8水平画至前中心线定L9。

⚠ 领围线要与前中心线、肩线垂直。N6~N7 = 1.5 cm是前中心重叠份。

6 L9~L10取5 cm，L10~L11 = 6 cm，直线连接L11~L12。L11~L12均分为二定L13，L13~L14= 1.5~2 cm，弧线连接L11→L14→L12。

7 A3~A4往上提高1 cm，直线连接N4→A4。

⚠ 量后肩线N2~A2 = △，在前肩线取N4~A4=△，为前肩线。

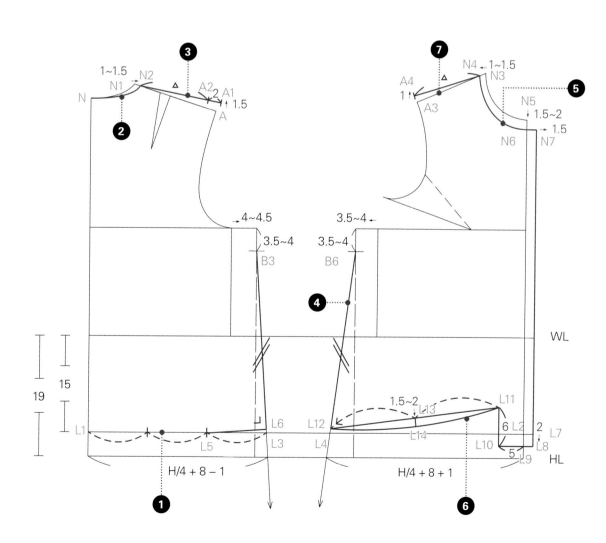

步骤三

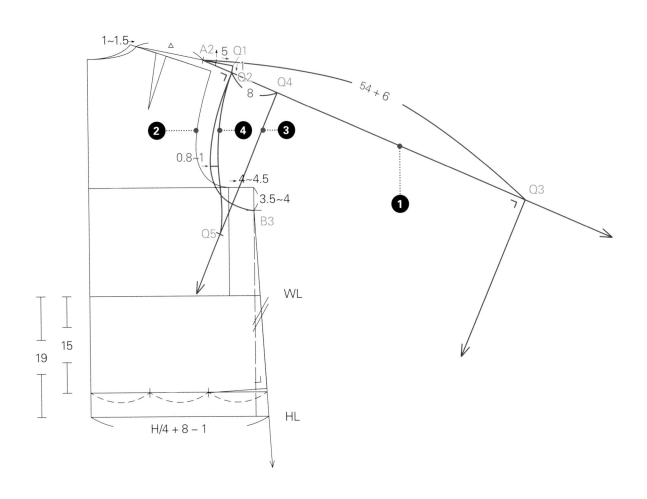

后片

1 A2~Q1 = 5 cm，以Q1为基点垂直下降1 cm定Q2，直线连接A2→Q2并延长，自A2~Q3取袖长 = 54 + 6 = 60 cm，自Q3画一垂直线。

⚠ A2~Q1 = 5 cm是袖子落肩的尺寸；Q1~Q2 = 1 cm为袖中心的斜度，尺寸越大，斜度越大，袖子的机能性（活动空间）越差，反之，机能性越好。

2 弧线连接Q2→B3，此为后袖窿。

⚠ 注意后袖窿线要与袖中心线、胁边线垂直。

3 Q2~Q4 = 8 cm，自Q4画袖中心线的垂直线为袖宽线。

⚠ Q2~Q4 = 8 cm是袖山高，袖山高越高，袖宽越小，机能性越差；袖山高越低，袖宽越大，机能性越好。

4 量取Q2~B3的尺寸，在袖窿约2/3处往外0.8~1 cm，依此弧线连接Q2→Q5，使之与Q2~B3等长。

⚠ 注意Q2→Q5 = Q2~B3，因为落肩袖袖山可以不需要缩份，所以取等长。Q5需落在袖宽线上。后袖山线要与袖中心线垂直。

步骤四

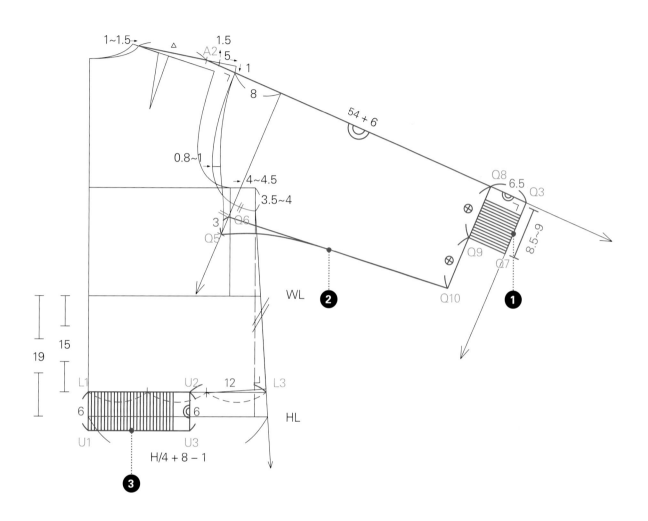

后片

1 Q3~Q7 = 8.5~9 cm，Q3~Q8 = 6.5 cm，
画长方形定Q9。

❗ Q3~Q7是罗纹袖口布长，Q3~Q8是罗纹袖口布
宽，可依设计来决定袖口布宽窄。

2 Q5~Q6 = 3 cm，Q8~Q9 = Q9~Q10，
直线连接Q6→Q10。再弧线连接Q5→Q10。

❗ Q9~Q10是罗纹布车缝后袖子皱褶的分量，此段
分量越长，袖子宽份越大，袖子越蓬。Q5→Q10是
袖下线，注意要和袖山线、袖口线垂直。

3 L1~U1 = 6 cm，L3~U2 = 12 cm，
U2~U3=6 cm，直线连接U1→U3、U2→U3。

❗ 此段为下摆罗纹布的长度和宽度，要考虑衣长在
人体部位的围度尺寸，可依体型或款式线条而调整
下摆罗纹布的尺寸。

步骤五

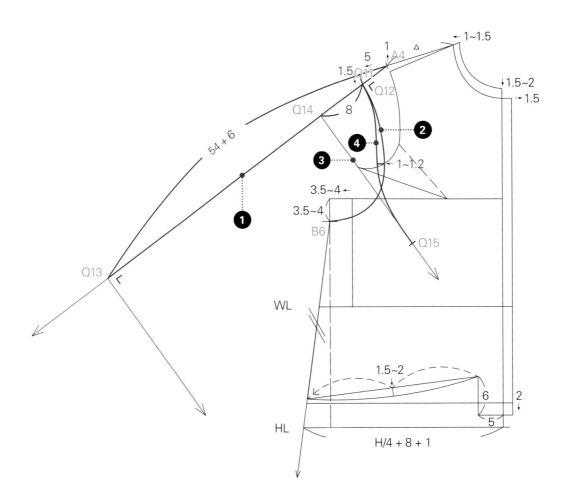

前片

1 A4~Q11 = 5 cm，以 Q11 为基点垂直下降1.5 cm定 Q12，
直线连接A4→Q12并延长，自A4~Q13取袖长54 + 6 =
60 cm。

2 弧线连接Q12→B6，此为前袖窿。
⚠ 注意前袖窿线要与袖中心线、胁边线垂直。

3 Q12~Q14 = 8 cm，自Q14画袖中心线的垂直线为袖宽线。

4 量取Q12~B6的尺寸，在袖窿约2/3处往外1~1.2 cm，依此弧
线连接Q12→Q15，使之与Q12~B6等长。
⚠ 注意Q12→Q15 = Q12~B6，Q15需落在袖宽线上。

步骤六

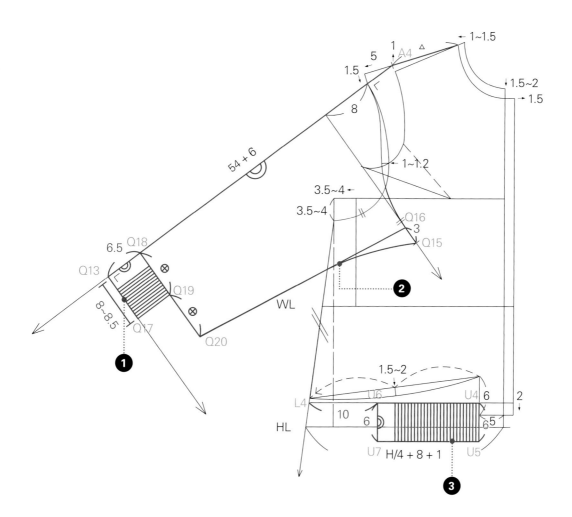

前片

1 Q13~Q17 = 8~8.5 cm，Q13~Q18 = 6.5 cm，画长方形定
Q19。

! 罗纹袖口布长宽，可依设计来决定其宽窄。

2 Q15~Q16 = 3 cm，Q18~Q19 = Q19~Q20，直线
连接Q16→Q20。再弧线连接Q15→Q20。

3 L4~U6 = 10 cm，U6~U7 = 6 cm，U4~U5 = 6 cm，直线连接
U5→U7、U6→U7。

! 此段为下摆罗纹布的长度和宽度，前后片下摆合并连裁。

步骤七

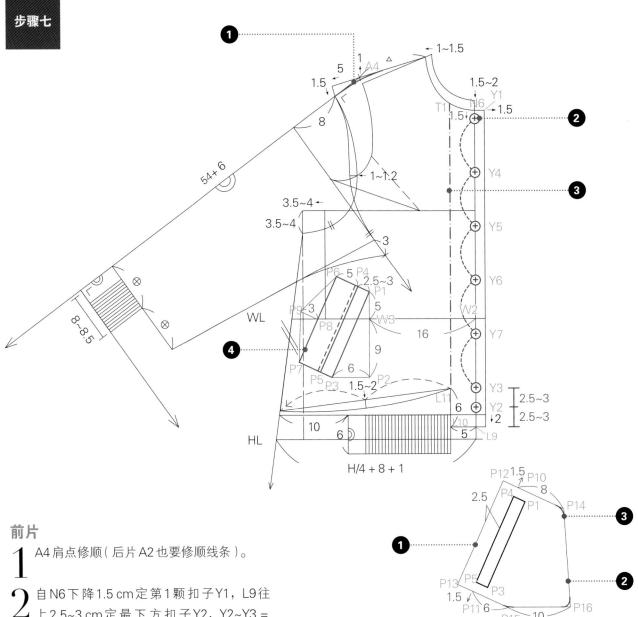

前片

1 A4肩点修顺（后片A2也要修顺线条）。

2 自N6下降1.5 cm定第1颗扣子Y1，L9往上2.5~3 cm定最下方扣子Y2，Y2~Y3 = 2.5~3 cm定扣子Y3，Y1~Y3均分为五定扣子Y4、Y5、Y6、Y7，前片中心总共7颗扣子。

3 自L11平行前中心线往上画至领围线T1（此为前贴边线）。

4 W2~W3 = 16 cm，W3~P1 = 5 cm，W3~P2 = 9 cm，P2~P3 = 6 cm，直线连接P1→P3。P1~P4 = P3~P5 = 2.5~3 cm，直线连接P4→P5。往外5 cm画P4~P5的平行线P6~P7，P6~P7均分为二定P8，P8~P9 = 3 cm，直线连接P6→P9、P7→P9（此为立式口袋的应用，立式加袋盖）。

口袋

1 自P1~P4、P3~P5口袋两侧往外1.5 cm，P4~P5往外2.5 cm定P10、P11、P12、P13，直线连接P12→P13、P12→P10、P13→P11。

2 延长P12~P10取P10~P14 = 8 cm定P14，延长P13~P11取P11~P15 = 6 cm定P15，再自P15取下摆线的平行线，P15~P16 = 10 cm定P16。

3 连接P10→P14→P16→P15→P11拐角的地方修成弧线。

❗ 此款棒球外套属于短版，所以袋布长度较短。

步骤八

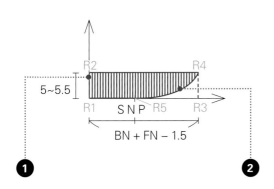

领子

1 R1~R2 = 5~5.5 cm，R1~R3 = 后领围（BN）+ 前领围（FN）− 1.5，画长方形定 R4。

⚠️ R1~R2 为后领高，后领围（BN）+ 前领围（FN）− 1.5，前后领围要实际量取前后衣身版型的尺寸，− 1.5 cm 是因为 R3~R5 弧度长会大于实际领围长，所以先扣除此分量。

2 取 R1~R5 = 后领围（BN），弧线连接 R4→R5。

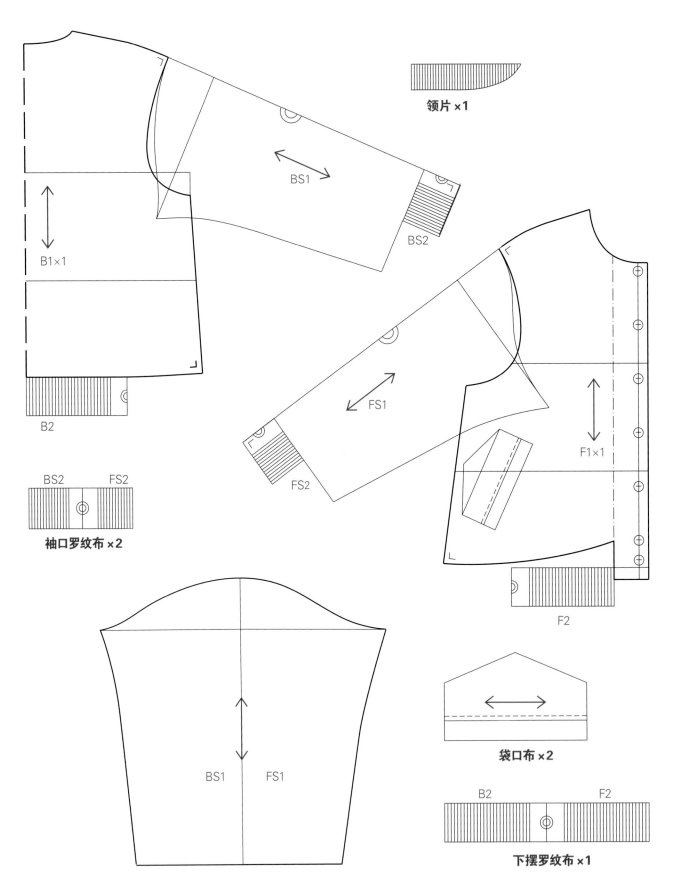

领片 ×1

BS1

BS2

B1×1

B2

BS2　FS2

袖口罗纹布 ×2

FS1

FS2

F1×1

F2

BS1　FS1

袋口布 ×2

B2　F2

下摆罗纹布 ×1

Version · 分版

表布后片

表布前片

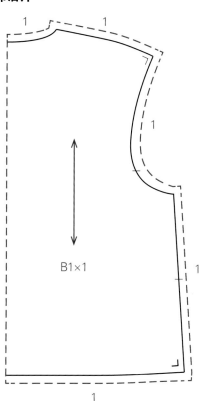

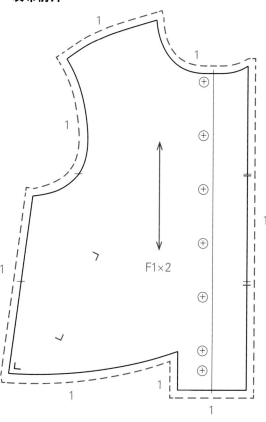

B1×1

F1×2

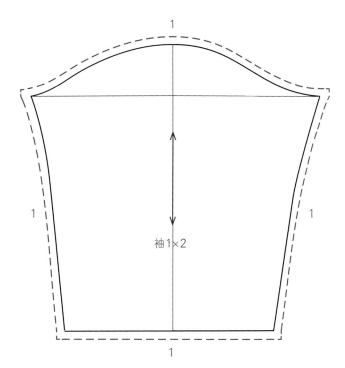

袖1×2

罗纹布

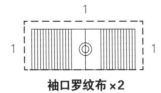

袖口罗纹布×2

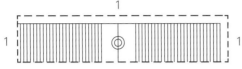

下摆罗纹布×1

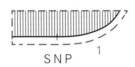

SNP

领口罗纹布×1

口袋

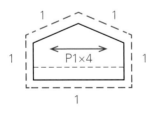

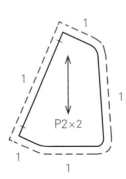

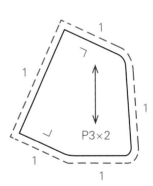

里布

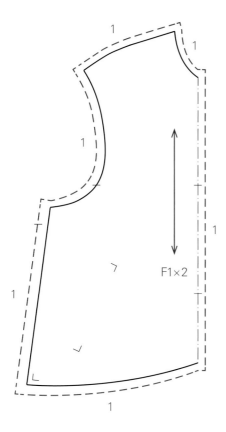

F1×2

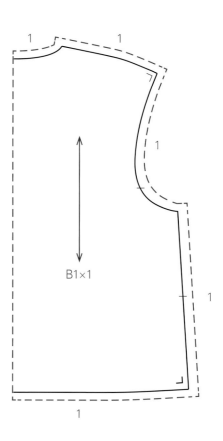

B1×1

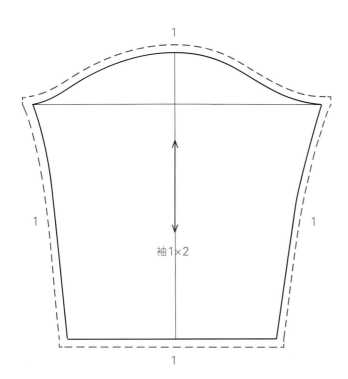

袖1×2

Sewing · 缝制

正面

材料说明

正布（表布）：

单幅：（衣长＋缝份）×2＋（袖长＋缝份）

双幅：（衣长＋缝份）＋（袖长＋缝份）

里布：用布量比表布少33~50 cm

罗纹布：约1 m

扣子：前片中心7颗、袋盖2颗

表布制作

❶ 车缝前片口袋

❷ 车缝前后片肩线

❸ 车缝前后片胁边线

❹ 车缝领片

❺ 车缝袖下线

❻ 车缝袖口

❼ 车缝前后片下摆

❽ 装扣子

里布制作

1 车缝前后片肩线

2 车缝前后片胁边线

3 车缝袖下线

4 上袖

5 里布与衣身贴边车缝

6 车缝表里布领口 + 袖口

7 表里布下摆车缝固定（在袖下或衣身胁边留一段不车缝作为返口，等翻至正面后，再用手缝或压缝方式缝合）

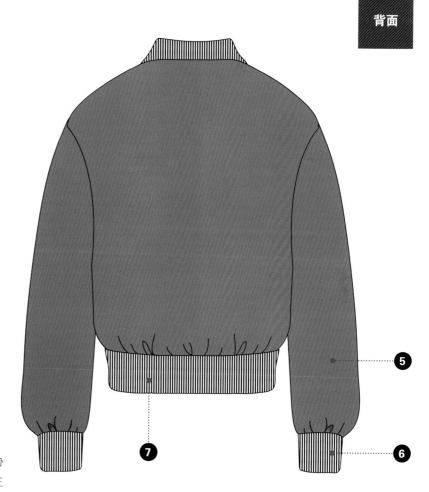

背面

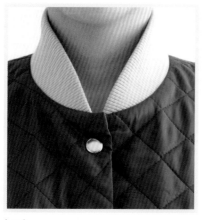

（A）

（B）

（A）领子前端接缝至前中心。

（B）领子前端接缝至持出份。

207

6 | 高领短外套

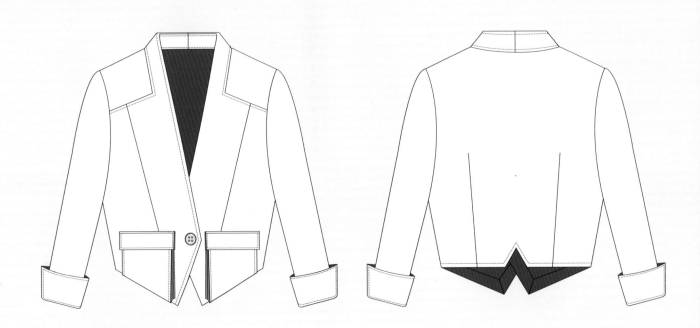

Preview · 基本资料

设计重点

后高前V领

立条贴式口袋＋袋盖

单排扣

后片有两根腰褶

一片袖（袖口反折）

基本尺寸（cm）

胸围（B）：83
腰围（W）：64
臀围（H）：92
背长：38
腰长：18
袖长：38~40
手臂根部围：36
衣长：腰围线（WL）下5.5

Pattern Making · 打版

步骤一

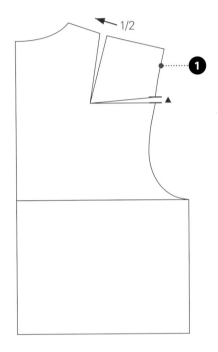
后片原型褶转后

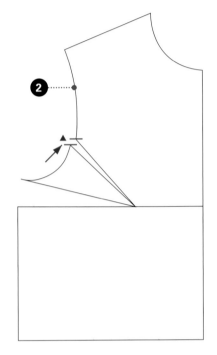
前片原型褶转后

1 将1/2肩褶转至袖窿。

2 将袖窿褶转至胁边。
  ❗ 后片肩褶转至袖窿的分量▲，前片胸褶保留与后片▲相同的分量，其他转移至胁边。

后片

1 衣长自W1~L1取5.5 cm，延伸至前中心线定L2。

2 自B1~B2往外取1.5~2 cm，自B2平行后中心线往下画至下摆线定L3。B2~B3 = 1~1.5 cm，L3~L4 = 2.5 cm，直线连接B3→L4。
  ❗ B1~B2往外取1.5~2 cm，此分量越大，胸围的松份越多。L3~L4尺寸越大，腰围的松份越少，穿起来越合身，但仍需考虑基本松份。

3 W1~V1 = 1.5 cm，L1~V2 = 2 cm，直线连接V1→V2。
  ❗ 后中心下摆有倒V设计，倒V大小可依设计决定尺寸，下摆与胁边取垂直。

步骤二

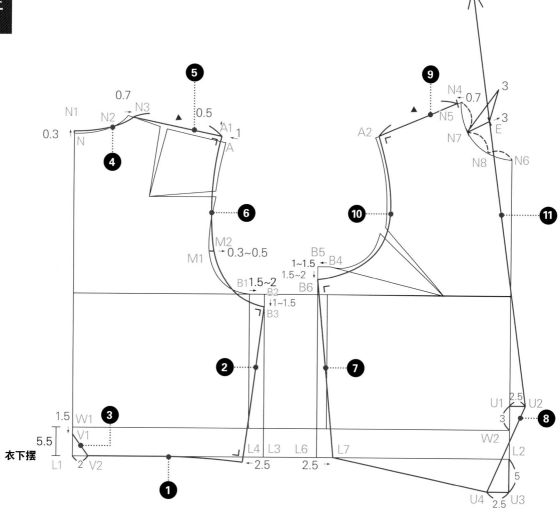

4 N~N1往上取0.3 cm，N2~N3 = 0.7 cm，弧线连接N3~N1为后领围。

！ 此款领型后领为高领，所以领围后中心往上提，较合领型。领围线要与后中心线垂直。

5 自A点往左1 cm，再往上0.5 cm定A1，直线连接N3→A1 = ▲为后肩线。

6 弧线连接A1→M2→B3。

！ 在原型版上的对合点M1~M2 = 0.3~0.5 cm，增加后背松份。后袖窿要与肩线和胁边线垂直。

前片

7 自B4~B5往外取1~1.5 cm，自B5平行前中心线往下画至下摆线定L6。B5~B6 = 1.5~2 cm，L6~L7 = 2.5 cm，直线连接B6→L7。

8 W2~U1 = 3 cm，U1~U2 = 2.5 cm，L2~U3 = 5 cm，U3~U4 = 2.5 cm，直线连接U2→U4→L7，L7略往下，胁边与下摆取垂直。

9 N4~N5 = 0.7 cm，在前肩线上取N5~A2 = N3~A1 = ▲。

！ 因为此款式用合成皮制作，所以后肩线不用缩份。

10 弧线连接A2→B6（前袖窿要与肩线和胁边线垂直）。

11 将N4~N6均分为三定N7、N8，N7与肩线平行往外3 cm定E，直线连接U2→E并往上延伸（此线段为翻领线）。

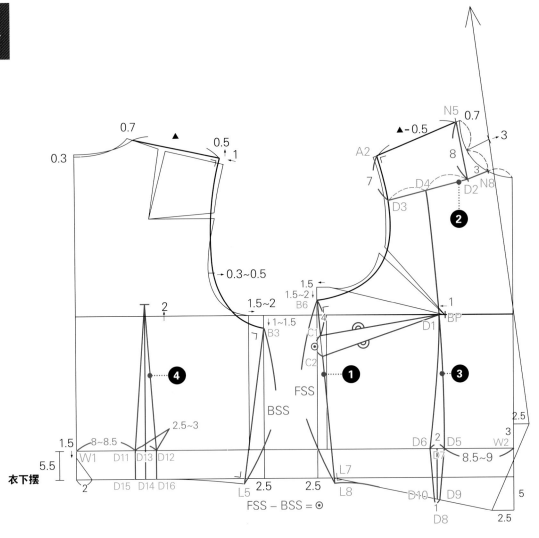

前片

1 确认 B3~L5 = BSS（后胁边长），B6~L8 = FSS（前胁边长），FSS − BSS = ⊙（褶宽），取 B6~C1 = 4 cm，再取 C1~C2 = ⊙，BP（乳尖点）往左 1 cm 定 D1，直线连接 D1→C1、D1→C2。

2 找出 N5~D2 = 8 cm、N8~D2 = 3 cm，两条线的交叉点 D2；A2~D3 = 7 cm，直线连接 D2→D3。

3 D2~D3 均分为二定 D4，W2~D5 = 8.5~9 cm，弧线连接 D4→D1→D5。D5~D6 = 2 cm，弧线连接 D1→D6；D5~D6 均分为二定 D7，按图示尺寸依序画出 D7→D8、D5→D9、D6→D10。

❗ 此款由前挡布做一剪接线至下摆线，在腰线处车缝 2 cm 的褶子，此线条可依设计线位置而改变，腰褶大小则会影响腰围的宽松度，褶子越大越合身。剪接线的位置皆参考尺寸，可依体型设计不同而调整。

后片

4 W1~D11 = 8~8.5 cm，D11~D12 = 2.5~3 cm，D11~12 均分为二定 D13，按图示尺寸依序画出后腰褶的位置和尺寸（后腰褶的褶宽比前腰褶的大，亦可随合身度调整尺寸大小）。

步骤四

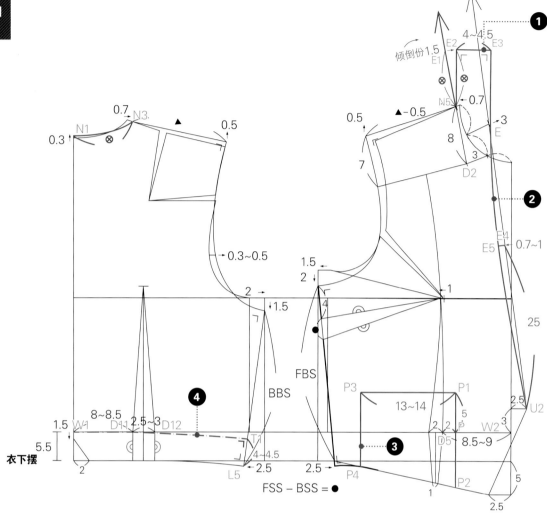

前片

1 自 D2~N5 往上画出延长线，取 N5~E1 = ⊗（后领围），向右倾倒 1.5 cm，取 N5~E2 = ⊗，并垂直 N5~E2 画出 E2~E3 = 4~4.5 cm。

❗ N5~E1 = ⊗ 是量取后片领围线的尺寸；为使领型贴合脖子，故向右倾倒 1.5 cm，倾倒越多，领子越贴合脖子。注意：此款设计为高领，要有基本宽松份 2~4 cm。

2 U2~E4 = 25 cm，E4~E5 = 0.7~1 cm，弧线连接 E3→E5→U2。

❗ 此为领外围线，要与领子后中心线垂直。

3 D5~P = 2 cm，按照图示尺寸依序画出 P1、P2、P3、P4，并连接这些口袋点位。

❗ 此款立条贴式口袋的设计，是贴合下摆线车缝的，亦可依个人设计改变口袋位置。立条布的长宽另外标示（参考 p.214）。

后片

4 L5~T1 = 4~4.5 cm，自 T1 垂直胁边线修顺至 D12。

❗ D11~D12 褶子做纸型合并，W1→T1 为后下摆的贴边线。

步骤五

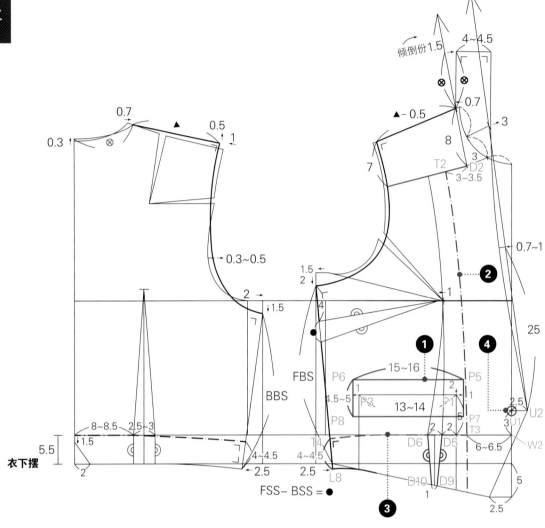

衣下摆

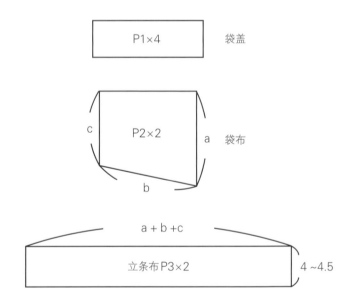

P1×4   袋盖

P2×2   袋布

立条布 P3×2   4~4.5

1
袋盖：从P1平行往上2 cm再往右1 cm定P5，按图示尺寸依序画出袋盖各点位P6、P7、P8并连接。

！此款袋盖尺寸只比贴式口袋大1~2 cm，亦可依设计调整袋盖大小。

2
D2~T2 = 3~3.5 cm，W2~T3 = 6~6.5 cm，弧线连接T2→T3至下摆线。

3
L8~T4 = 4~4.5 cm，自T4垂直胁边线修顺至T3。

！D5~D6褶子做纸型合并，T3→T4为前下摆的贴边线，与前中心贴边可连裁或分裁，本制作法为连裁法。

4
U1即扣子的位置。

袖子　步骤一

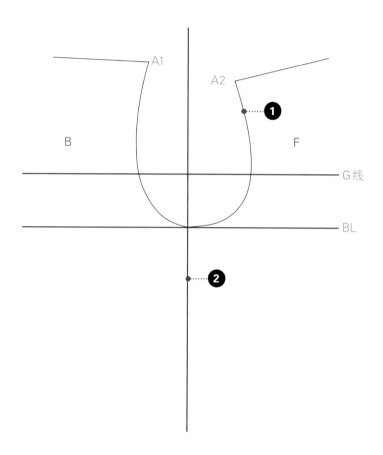

基本尺寸（cm）

七分袖长：38~40

前袖窿（FAH）= 22.5（依实际打版量得尺寸）

后袖窿（BAH）= 24（依实际打版量得尺寸）

袖窿（AH）= 22.5 + 24 = 46.5（依实际打版量得尺寸）

（前后袖窿尺寸，会因实际画的曲线而不同，请以实际测量的衣身前后袖窿尺寸画袖子。）

袖山高：5/6 袖山高

1 依照前后衣身版型描绘肩线和袖窿 A1~A2。

2 描绘G线、袖窿底线和胁边线。

！ G线就是前片胸褶的位置，作为画前后袖山线的参考位置。

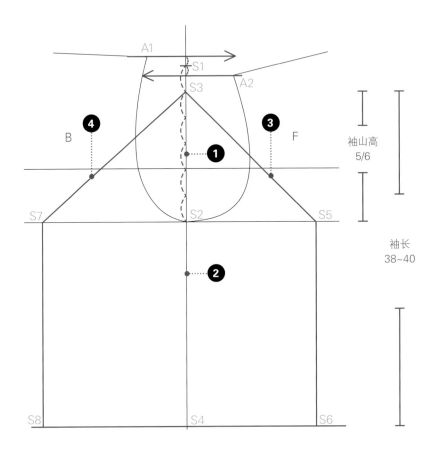

1 从A1向右画直线，从A2向左画直线，分别与
胁边延长线交会，将交会段均分为二定S1。
S1~S2均分为六，取5/6当袖山高（即S3~S2），S2
所引的与袖中心线垂直的水平线即袖宽线。

❗ 袖山高的高低会影响袖宽的宽度，袖山高越高袖
宽越小，袖山高越低袖宽越大，可依设计款式而决
定。衣身的胁边线，对应的就是袖子的袖中心线。

2 自S3~S4取袖长38~40 cm。
❗ 本款为七分袖，袖长可依设计决定。

3 自S3~S5取前袖窿（FAH−1），自S5与袖中心
线平行画直线至S6。

4 自S3~S7取后袖窿（BAH−1），自S7与袖中心
线平行画直线至S8。

❗ 前后袖窿尺寸都是从衣身袖窿量得，前后袖窿减
1 cm，目的是使缩份减少，因为本款用布是合成皮，
合成皮较不易缩，所以要减少袖山缩份。袖山缩份的
多少会依设计和布料特性而增减，如果布料不易缩，
则袖山缩份就要减少。

步骤三

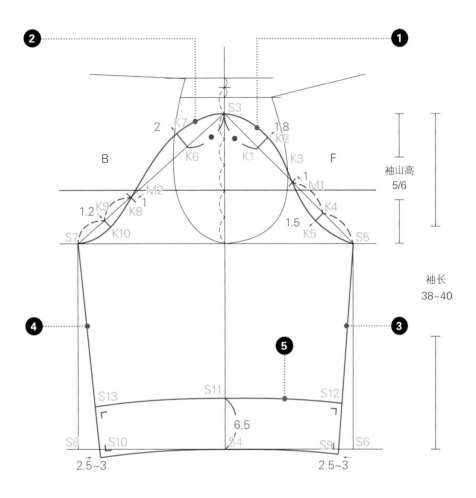

1 FAH/4＝●，S3~K1＝●，K1~ K2 = 1.8 cm，M1往上 1 cm定K3，K3~S5均 分 为 二 定K4，K4~K5 = 1.5 cm，弧线连接S3→K2→K3→K5→S5。

▌ 此线段为前袖山线。

2 S3~K6＝●，K6~K7 = 2 cm，M2往 下 1 cm定K8，K8~S7均分为二定K9，K9~K10 = 1.2 cm，弧线连接S3→K7→K8→K10→S7。

▌ 此线段为后袖山线，画好前后袖山线再和前后衣身袖窿对合尺寸，此款布料不需要缩份尺寸。

3 S6~S9 = 2.5~3 cm，直线连接S5→S9，再往下延伸0.5~0.7 cm，胁边与下摆取垂直。

▌ S6~S9 = 2.5~3 cm，此段尺寸越大，袖口越小，可依设计决定尺寸大小。

4 S8~S10 = 2.5~3 cm，直线连接S7→S10，再往下延伸0.5~0.7 cm，胁边与下摆取垂直。

5 与下摆线平行往上6.5 cm，为反折袖的宽度。

步骤四

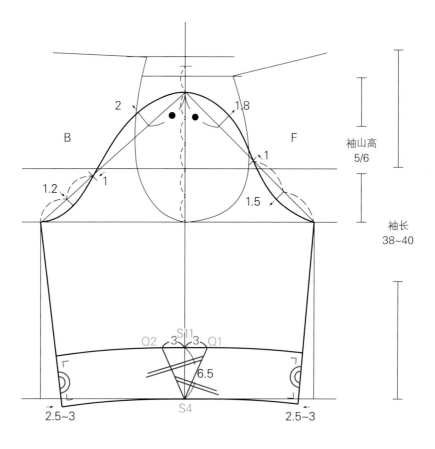

1 自S11往左右各3 cm定Q1、Q2，直线连接
Q1→S4、Q2→S4，画交叉重叠符号。

▪ 交叉重叠尺寸越多，反折袖外围宽度就越大。

2 将袖下线合并连裁。
▪ 此款设计的反折袖在袖中心处向外展开
3 cm，在袖下线处前后纸型合并。

Version · 分版

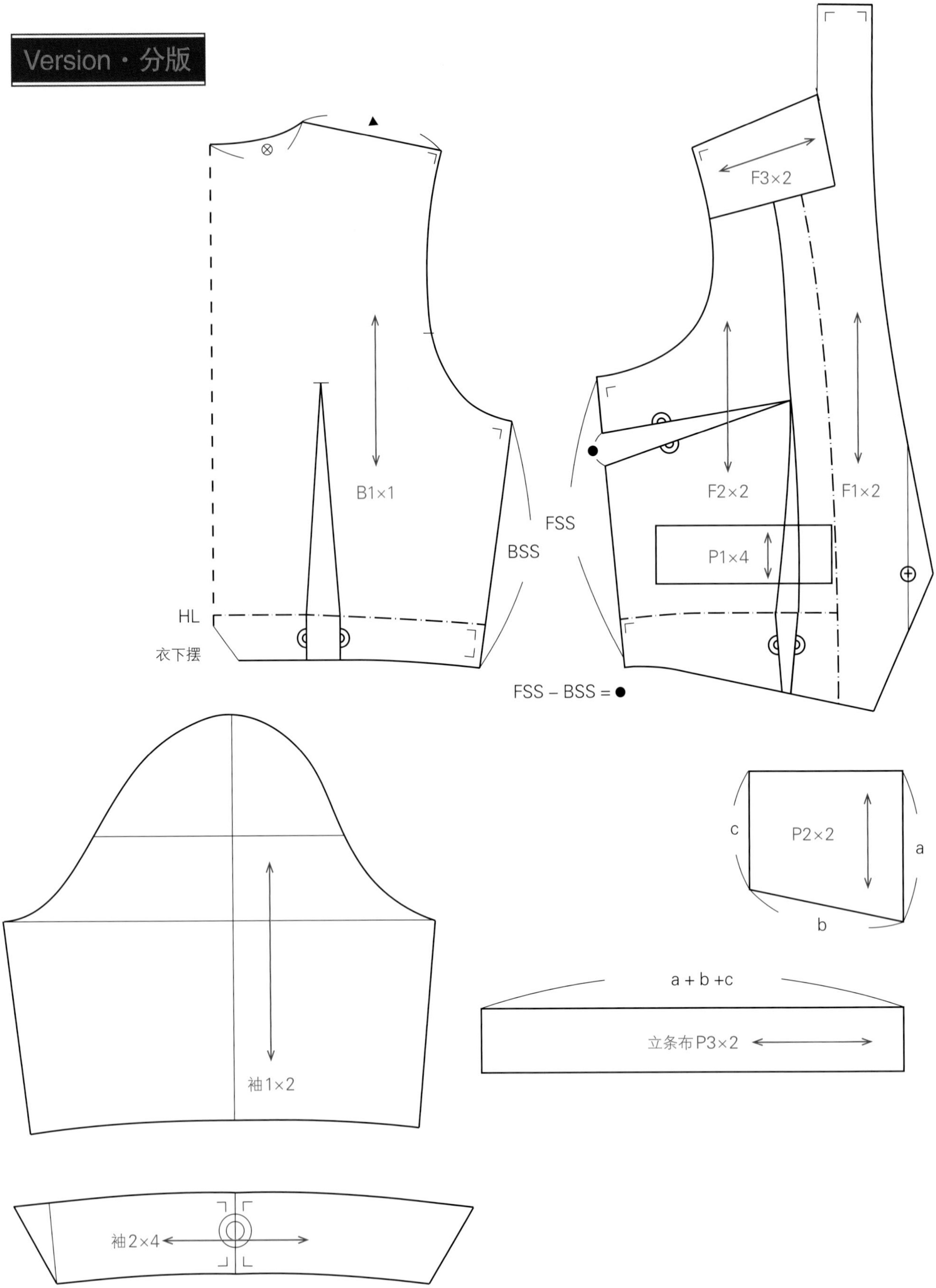

B1×1

FSS

BSS

HL

衣下摆

F3×2

F2×2

F1×2

P1×4

FSS − BSS = ●

袖1×2

c P2×2 a

b

a + b +c

立条布P3×2

袖2×4

表布

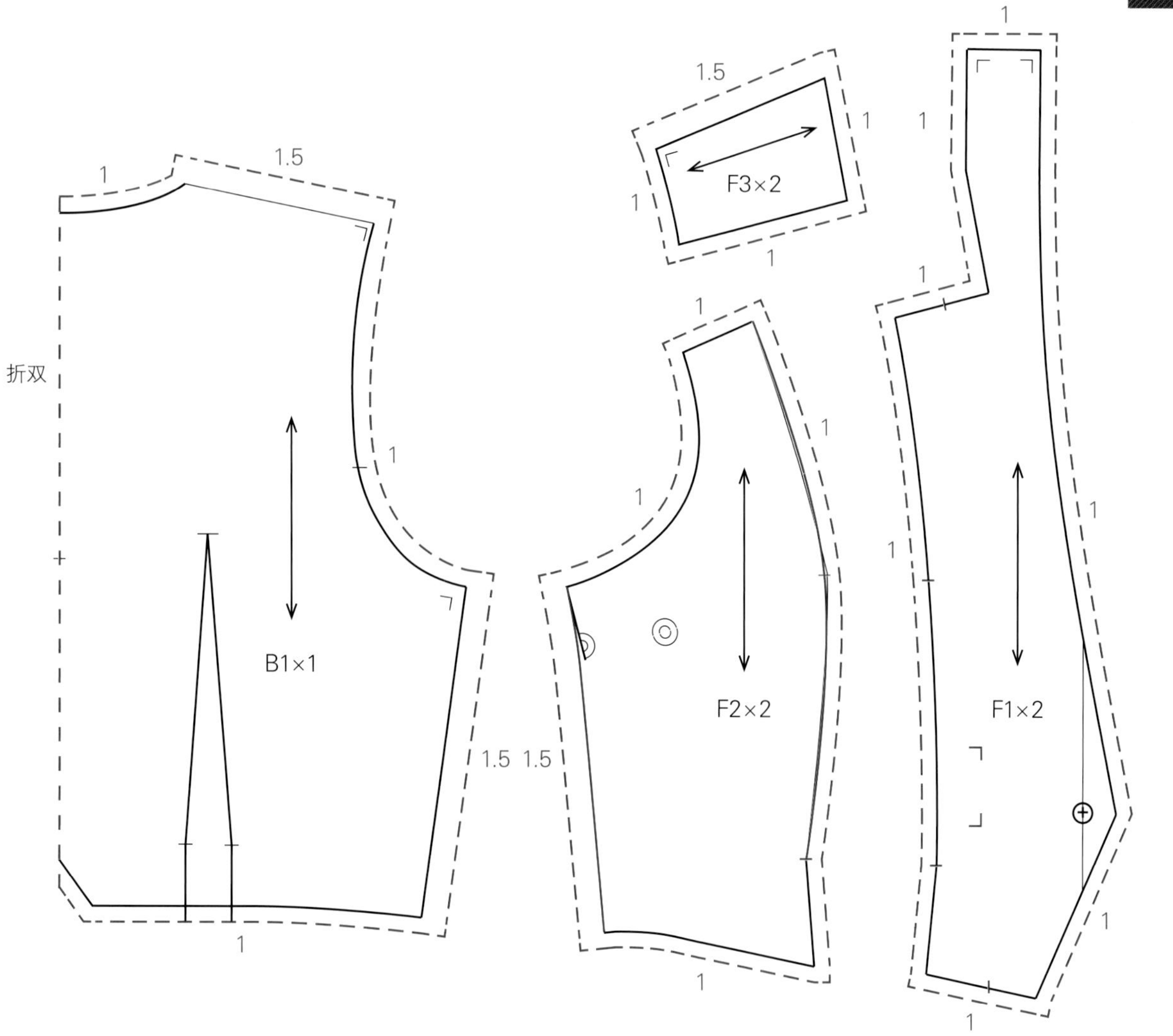

1.5

F3×2

1

折双

1.5

1

B1×1

1.5 1.5

F2×2

F1×2

口袋

1

1

P1×4

1

1

1

P2×2

1

立条布 P3×2

1

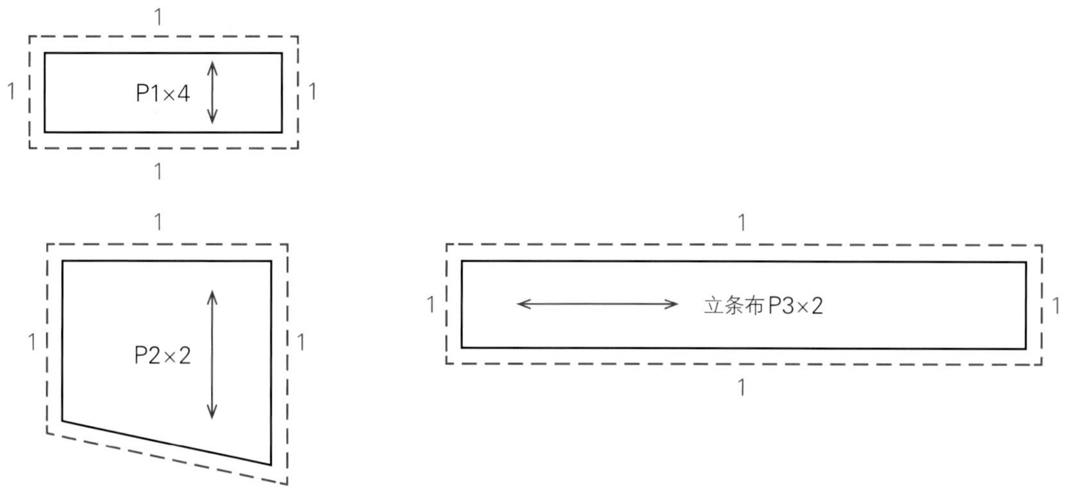

贴边

袖子

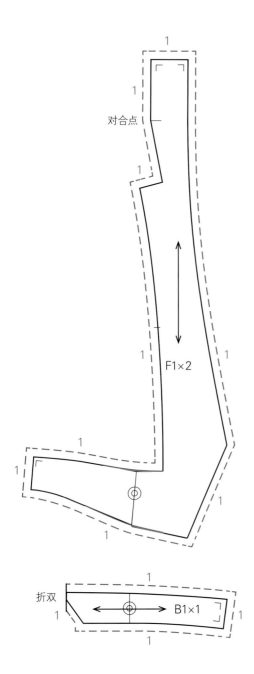

对合点

F1×2

折双

B1×1

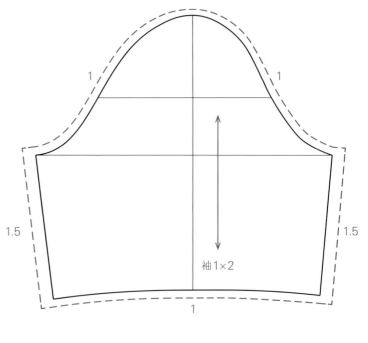

1.5

袖1×2

1.5

1

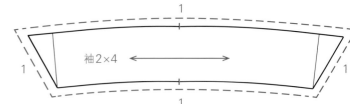

袖2×4

里布

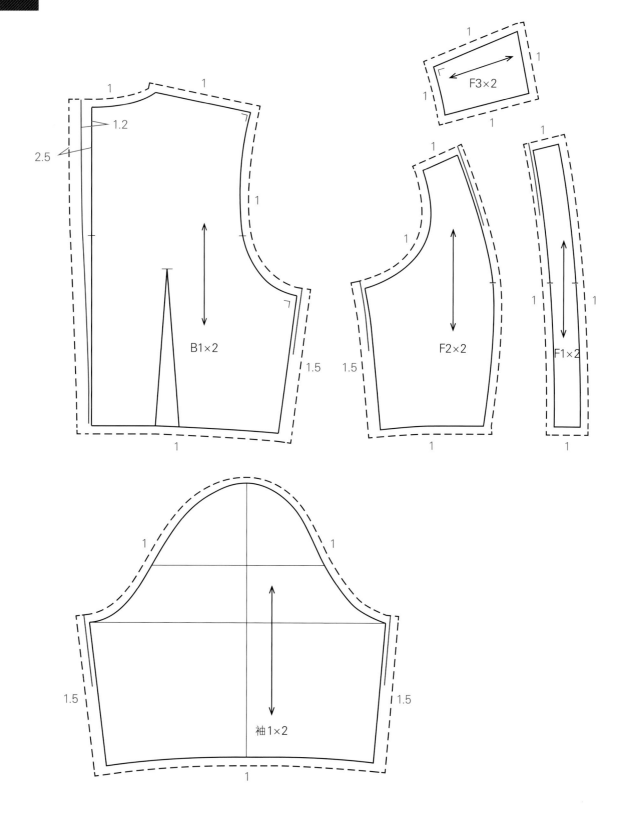

B1×2

F3×2

F2×2

F1×2

袖1×2

Sewing · 缝制

正面

材料说明

1 正布（表布）：
   单幅：（衣长＋缝份）×2＋（袖长＋缝份）
   双幅：（衣长＋缝份）＋（袖长＋缝份）

2 里布：用布量约比表布少33 cm

3 衬布：不用贴衬

4 扣子：前片中心1颗

表布制作

❶ 车缝后片褶子

❷ 车缝前片剪接线

❸ 车缝前片口袋 + 袋盖

❹ 车缝前后过肩布 + 前后片肩线

❺ 车缝领口贴边

❻ 车缝前后片胁边线

❼ 车缝衣身下摆贴边

❽ 车缝袖口反折布

❾ 上袖

❿ 开扣眼 + 缝扣子（如开布扣眼，则
　在上里布前就可先开好）

里布制作

1 车缝后片褶子

2 车缝前后片肩线 + 胁边线

3 上袖

4 表里布内部细节固定（袖下线、肩线、
　胁边线）

5 表里布下摆 + 袖口手缝固定（下摆和袖
　口亦可用车缝法制作）

背面

7 | 风衣外套

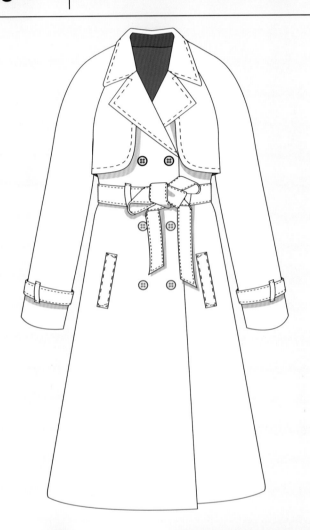
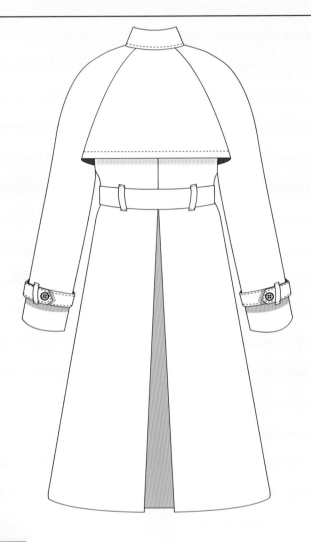

Preview · 基本资料

设计重点

弧线翻领

后中心箱褶

前后片胸挡布

斜向立式口袋

双排扣

连袖

二面构成

基本尺寸（cm）

胸围（B）：83	
腰围（W）：64	
臀围（H）：92	
背长：38	
腰长：19	
袖长：54 + 3	
手臂根部围：36	
衣长：腰围线（WL）下68	

Pattern Making · 打版

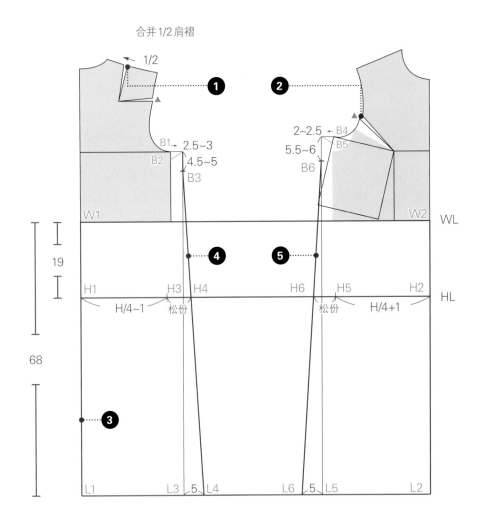

1 将1/2肩褶转至袖隆，被动获得松份▲。

2 前片胸褶保留与后片同等量的松份▲，其他转至下摆。

3 衣长自W1~L1取68 cm，腰长自W1~H1取19 cm，各延伸至前中心线定L2和H2。

4 B1~B2 = 2.5~3 cm，自B2平行后中心线往下画至下摆线定L3，B2~B3 = 4.5~5 cm，L3~L4 = 5 cm，直线连接B3→L4。

！ 臀围线 H1~H3 = H/4−1，H3~H4是被动获得的松份，亦可直接决定臀围松份，再画胁边线条。

5 B4~B5 = 2~2.5 cm，自B5平行前中心线往下画至下摆线定L5，B5~B6 = 5.5~6 cm，L5~L6 = 5 cm，直线连接B6→L6。

1 L1~L4均分为三定L7，自L7画胁边线的垂直线定L8，被动获得L4~L8的高度。

2 N~D1 = 8 cm，自D1平行后中心线往下画至下摆线定D2。

❗ 此后中心箱褶共16 cm宽，可依设计调整尺寸，尺寸越大越宽松。

3 N1往右1 cm，再往上0.5 cm定N2，弧线连接N2~N为后领围。

❗ 领围线要与后中心线垂直。

4 A1~A2 = 0.5 cm，直线连接N2→A2（△），此为后肩宽。

5 N~N1均分为三定V1，直线连接V1→B3，将V1~B3均分为四定V2、V3、V4。

❗ 此线段为后片拉克兰袖的基础线。

6 取B3~L8 = B6~L9，自L9画胁边线的垂直线与下摆线交于L2。

7 N3~N4 = 1 cm，A3往上0.5 cm定A4，直线连接N4~A4 = N2~A2 = △。

8 N4~V5 = 5 cm，直线连接V5→B6，V5~B6均分为四定V6、V7、V8。

❗ 此线段为前片拉克兰袖的基础线。

9 自W2往上8 cm，往左0.5 cm定U1，平行前中心线往下画至下摆线定U2。U1~U3 = 7 cm，平行前中心线往下画至下摆线定U4，直线连接L2→U4。N4~E = 3 cm，直线连接U3→E并往上延长。

❗ 前中心往外0.5 cm是要增加因为布料厚度而减少的尺寸，会依布料厚度而调整尺寸；U1~U3是双排扣的尺寸范围，U3为翻领止点，N4~E是侧领腰高，皆可依设计而调整尺寸。

步骤二

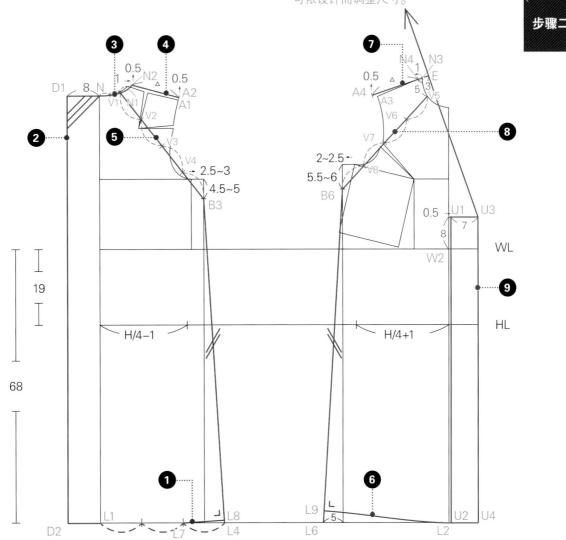

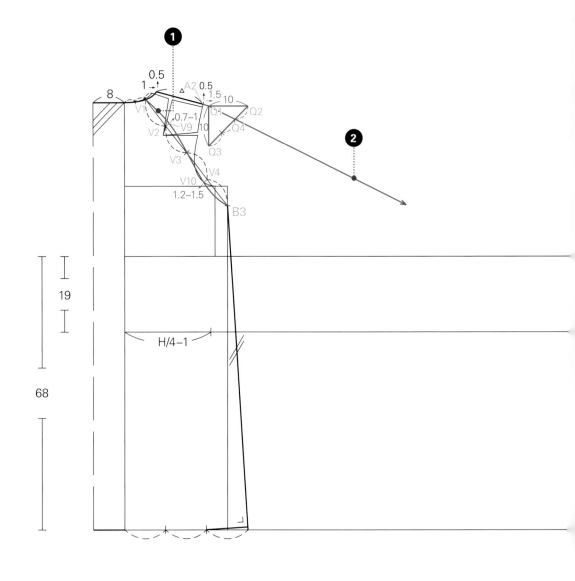

1 V2~V9 = 0.7~1 cm，V4~V10 = 1.2~1.5 cm， 弧
线连接V1→V9→V3→V10→B3。

❗ 注意：拉克兰袖剪接线要与胁边线垂直，剪接线
的高低和线条弧度，可依设计而变化。

2 自后肩线A2点往外1.5 cm定Q1， 以Q1为
顶点做腰长10 cm的等腰直角三角形定Q2、
Q3，Q2~Q3均分为三定Q4，直线连接Q1→Q4
并延长。

❗ 以Q1为顶点做腰长10 cm的等腰直角三角形，
目的是画出连袖袖中心的倾斜度，此角度与袖子的
机能性（活动空间）有关，倾斜度越大，机能性越
小，倾斜度越小，机能性越大。此款风衣为宽松型
的外套，所以倾斜度较小，袖型较宽松，若要设计
较合身的袖型，则倾斜度要加大。

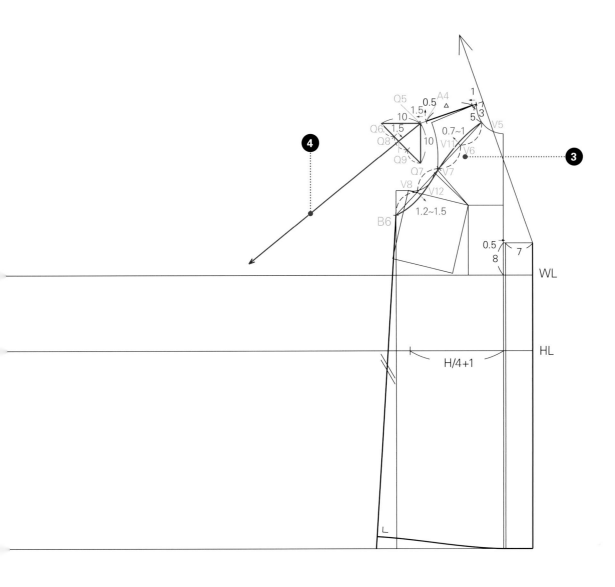

3 V6~V11 = 0.7~1 cm，V8~V12 = 1.2~1.5 cm，弧
线连接V5→V11→V7→V12→B6。

4 自前肩线A4点往外1.5 cm定Q5，以Q5为顶
点做腰长10 cm的等腰直角三角形定Q6、Q7，
Q6~Q7均分为三定Q8，取Q8~Q9 = 1.5 cm，直线
连接Q5→Q9并延长。

步骤四

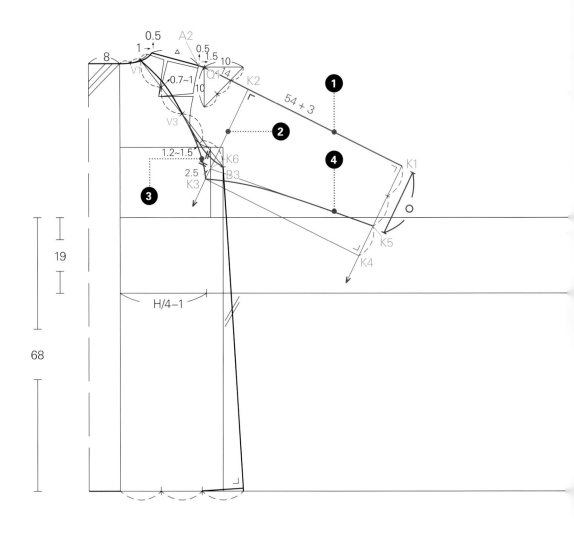

1 自 A2~K1 取袖长 54+3 = 57 cm。Q1 处修顺。

2 A2~K2 = 14 cm，自 K2 垂直袖中心线取袖宽线。

❗ A2~K2 为袖山高，袖山高低影响袖宽大小，袖山高越高活动量越小，袖山高越低活动量越大。

3 取 V3~K3 = V3~B3。
❗ 注意：K3 点要落在袖宽线上，V1→V3→K3 线条要修顺。

4 自 K3 画袖宽线的垂直线至袖口定 K4，K1~K4 均分为三定 K5，K3~K6 = 2.5 cm，直线连接 K6→K5，再弧线连接 K3→K5。

❗ 此为后袖下线，要和拉克兰袖剪接线、袖口线垂直。K1~K5 = ○，为袖口宽，依 K1~K4 取 2/3 作袖口宽，为被动取得尺寸，亦可直接取后袖宽尺寸为主动取得尺寸。

5 自 A4~K7 取袖长 54 +3 = 57 cm。Q5 处修顺。

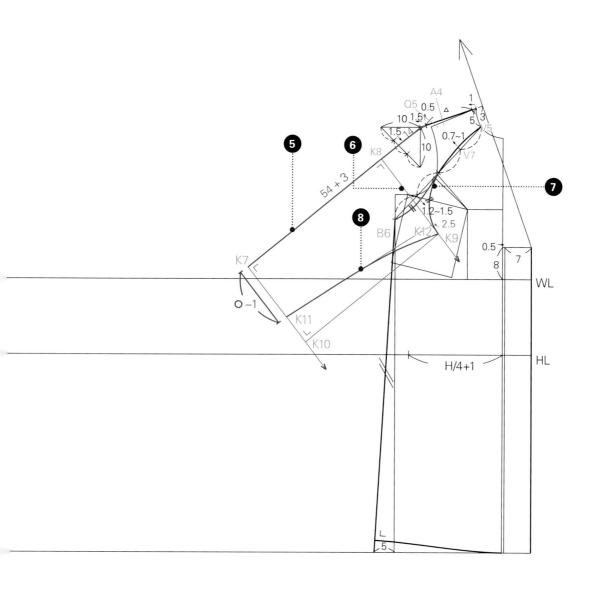

6 A4~K8 = 14 cm，自K8垂直袖中心线取袖宽
线。

7 取V7~K9 = V7~B6。
■ 注意：K9点要落在袖宽线上，V5→V7→K9
线条要修顺。

8 自K9画袖宽线的垂直线至袖口定K10，
K7~K11 = ○－1，K9~K12 = 2.5 cm，直线连接
K12→K11，再弧线连接K9→K11。
■ 此为前袖下线，要和拉克兰袖剪接线、袖口线垂
直。对合前袖下线＝后袖下线，即K9~K11 = K3~K5。

步骤五

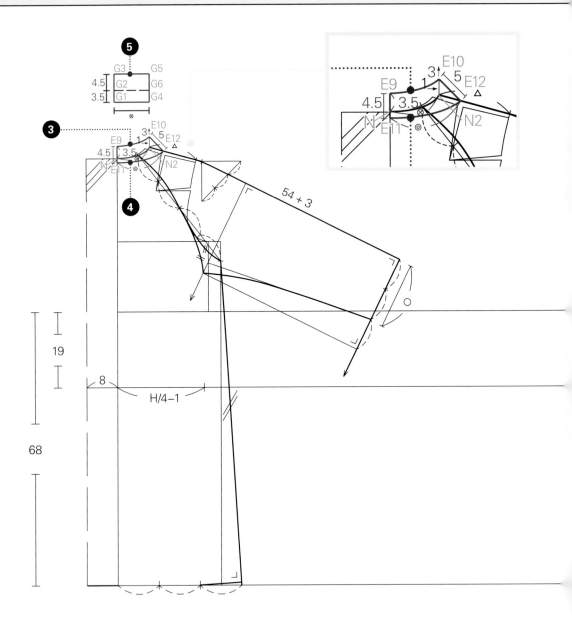

1 U3~E均分为三定E1，E1~E2 = 2.5 cm，E2~E3 = 3 cm，直线连接E→E3→U3，E3~E4 = 5 cm，垂直翻领线E4~E5 = 10 cm，直线连接E3→E5、E5→U3。

❗ E→E3→U3为前片领子的翻领线，和一般直线翻领线不同，E4~E5决定下领片宽度。

2 E~E6 = 5 cm，E3~E7 = 3 cm，E5~E8 = 4 cm，直线连接E6→E8→E7。

❗ 注意：打版所有尺寸皆是参考尺寸，可依设计款式线条自由决定变化尺寸。

3 N~E9 = 3.5 cm，N2~E10 = 3 cm，弧线连接E10~E9。

❗ N~E9为后领腰高，N2~E10为侧领腰高，E10~E9弧线为翻领线。领腰高尺寸大小可依设计而不同。

4 自E10取5 cm直线至肩线定E12，E9~E11 = 4.5 cm，弧线连接E12~E11。

❗ E10~E12为侧领宽，E9~E11是后领宽，E12~E11弧线是领外围线。领腰高和领宽尺寸大小都会因款式而不同，但要注意：领宽要大于领腰高才能盖住领围线。

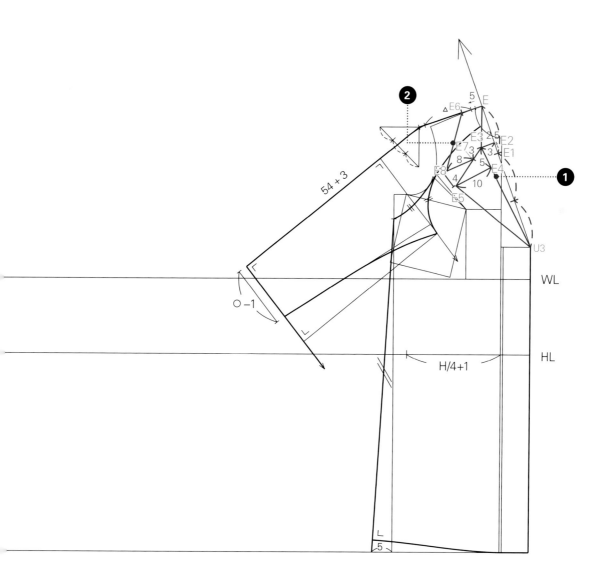

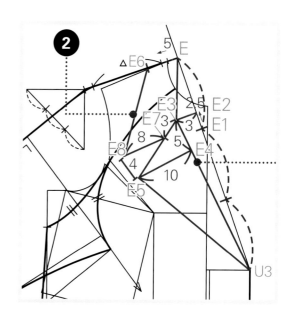

5 N2~N 为后领围⊗，E12~E11 为后领外围线◎，G1~ G2 = 3.5 cm 即后领腰高，G2~ G3 = 4.5 cm 即后领宽，G1~ G4 =⊗(即后领围)，G2~ G6 即翻领线。

❗ 此纸型便于前片制作上领片。

步骤六

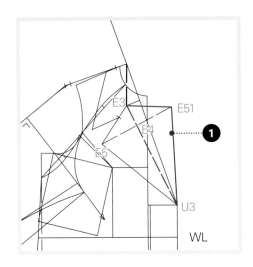
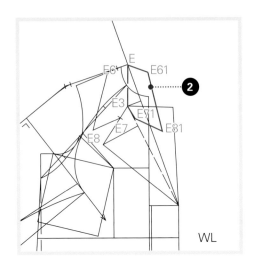

步骤七

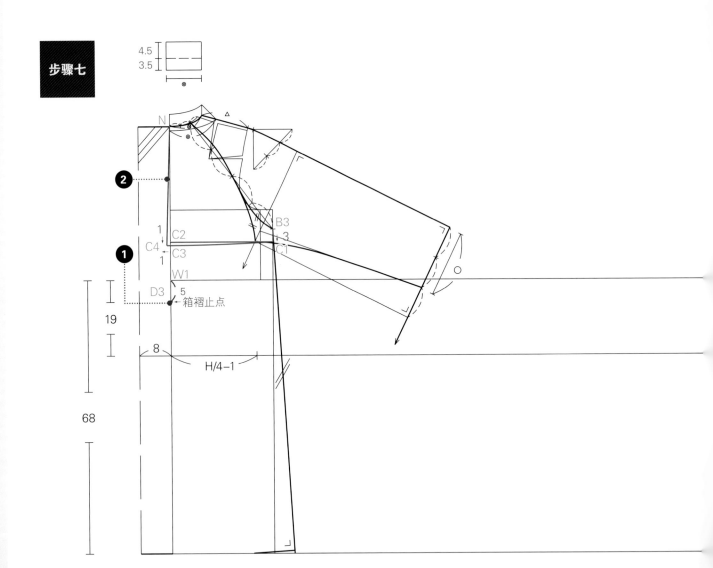

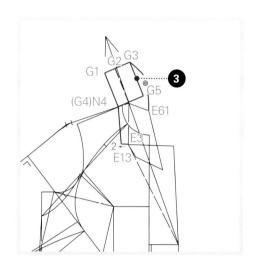

1 以E3→U3为中心轴,将下领片拓版至右边。

2 以E→E3为中心轴,将上领片拓版至右边(上下领片会重叠)。

3 拓一张后领纸型,将G4置于N4上,向左倾倒后,量取G3~E61 = ◎(后领外围线)。将E3向左延伸2 cm定E13,直线连接N4→E13。

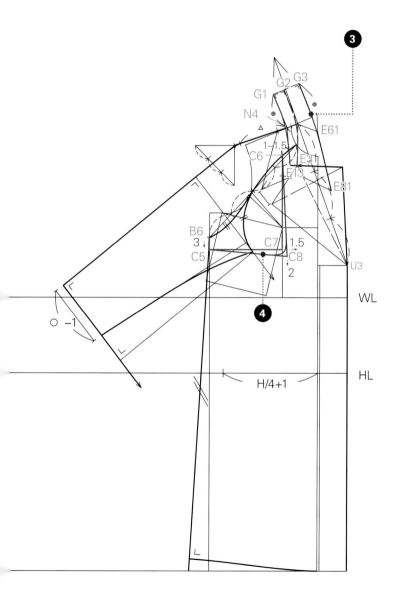

1 W1~D3 = 5 cm,D3为后片箱褶车缝止点。

2 B3~C1 = 3 cm,自C1平行胸围线画至后中心线定C2,C2往下1 cm定C3,再往左1 cm定C4,直线连接N→C4→C1(此为后片挡布)。

3 将G3→E61→E81线条修顺;将G2→E3线条修顺。侧颈点N4往外0.7~1 cm修顺领围线。

❗ 注意此为领外围线、翻领线,要与领子后中心线垂直。

4 B6~C5 = 3 cm,C6距领围线1~1.5 cm,自C5画胸围线的平行线,自C6画前中心线的平行线,二者交于C7,C7往右1.5 cm,再往下2 cm定C8,直线连接C6→C8→C5(此为前片挡布),再将C8修出圆弧角。

步骤八

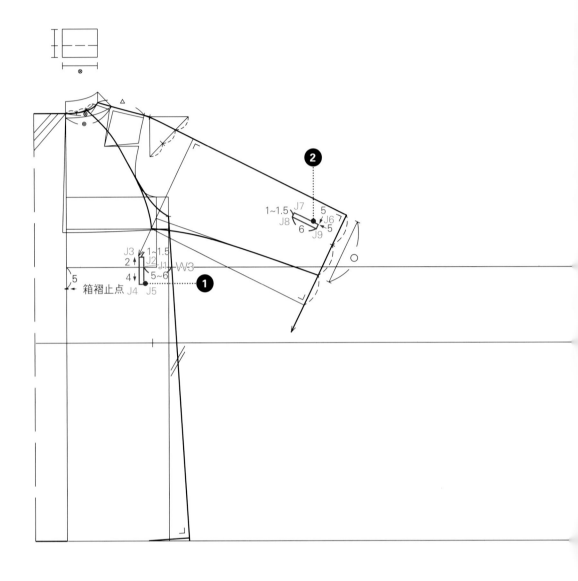

1 W3~J1 = 5~6 cm，按照图示尺寸自J1到J5依序
画出后片腰部耳带。

2 离袖口线和袖中心线各5 cm定J6，按照图示
尺寸自J6到J9依序画出后袖口耳带。

3 离袖口线和袖中心线各5 cm定J10，按照图示
尺寸自J10到J13依序画出前袖口耳带。

4 W4~J14 = 4~5 cm，按照图示尺寸自J14到
J18依序画出前片腰部耳带。

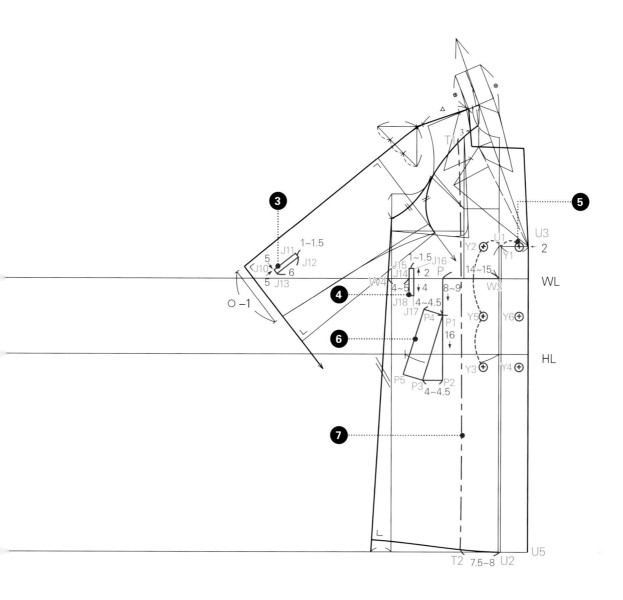

扣子

5 U3为第1颗扣子的水平位置，U3~Y1 = 2 cm，Y1是第1颗扣子：Y1~U1 = U1~Y2，Y2是第2颗扣子，依序画出Y5、Y6、Y3、Y4，此款为双排扣，共有6颗扣子。

口袋位置

6 W2~P = 14~15 cm，P~P1 = 8~9 cm，按照图示尺寸依序画出口袋的各点位P2、P3、P4、P5并连接。

! 口袋的位置和尺寸可依设计而变化，此款口袋详图在步骤九。

贴边位置

7 领线~T1 = 3 cm， U2~T2 = 7.5~8 cm，自T1垂直肩线一段后画弧线再连接至T2。

! 此版为前贴边，注意T1~T2的线条要与下摆线垂直。

步骤九

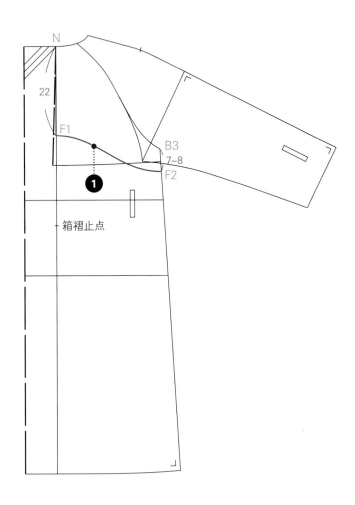

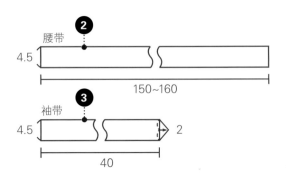

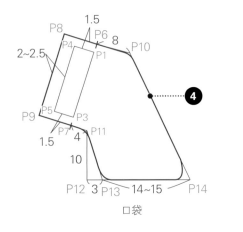

后背部里布（半里）

1 N~F1 = 22 cm，B3~F2 = 7~8 cm，
弧线连接 F1→F2。

ⓘ 此弧线要与后中心线和胁边线垂直。

腰带

2 长 150~160 cm，宽 4.5 cm。

袖带

3 长 40 cm，宽 4.5 cm。

ⓘ 腰带和袖带的宽度与长度也可自行调整尺寸。

口袋

4 按照图示尺寸依序确定口袋的各点位并连接，
P11、P10、P13、P14 处修成圆弧。

Version · 分版

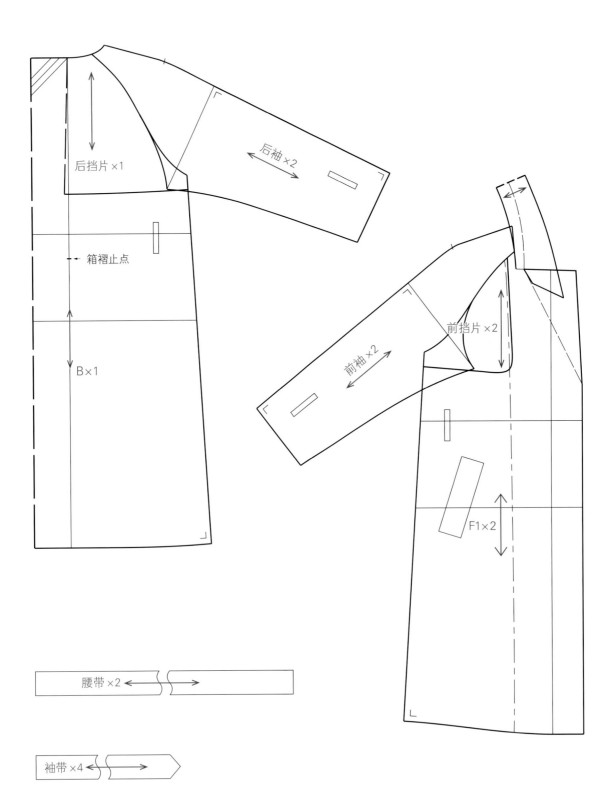

后挡片 ×1

后袖 ×2

箱褶止点

B×1

前袖 ×2

前挡片 ×2

F1×2

腰带 ×2

袖带 ×4

表布

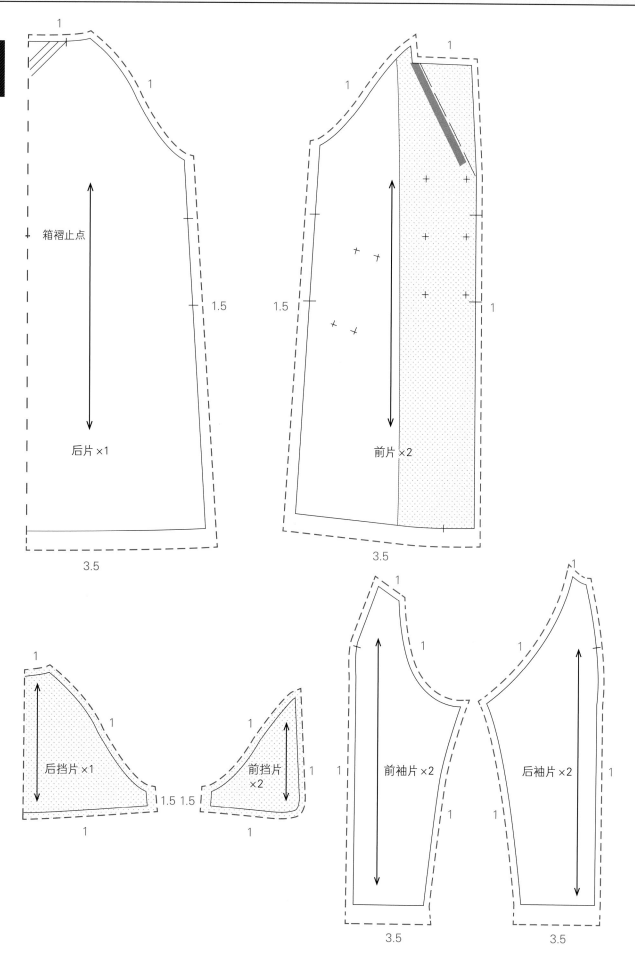

箱褶止点

后片 ×1

前片 ×2

后挡片 ×1

前挡片 ×2

前袖片 ×2

后袖片 ×2

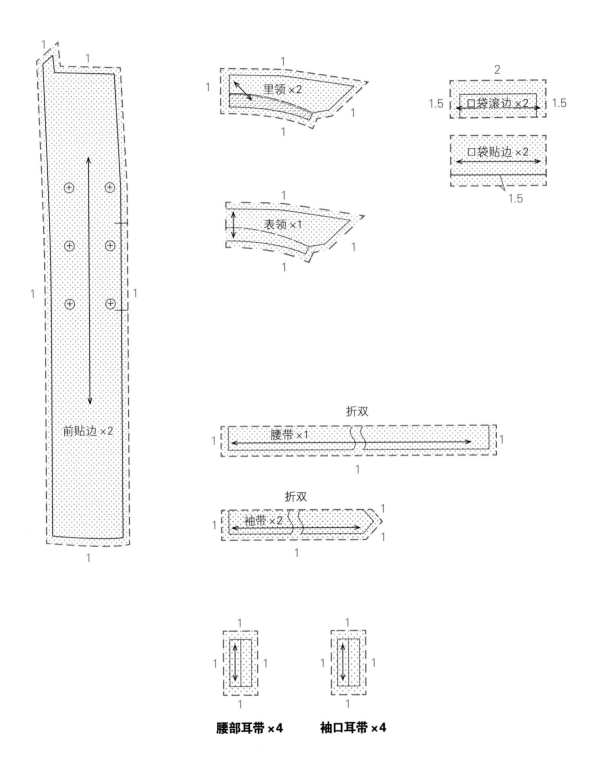

里领×2

表领×1

2
1.5 □袋滚边×2 1.5

□袋贴边×2
1.5

前贴边×2

折双
腰带×1

折双
袖带×2

腰部耳带×4   **袖口耳带×4**

里布

※ 此风衣里布为后中心半里制作方法。

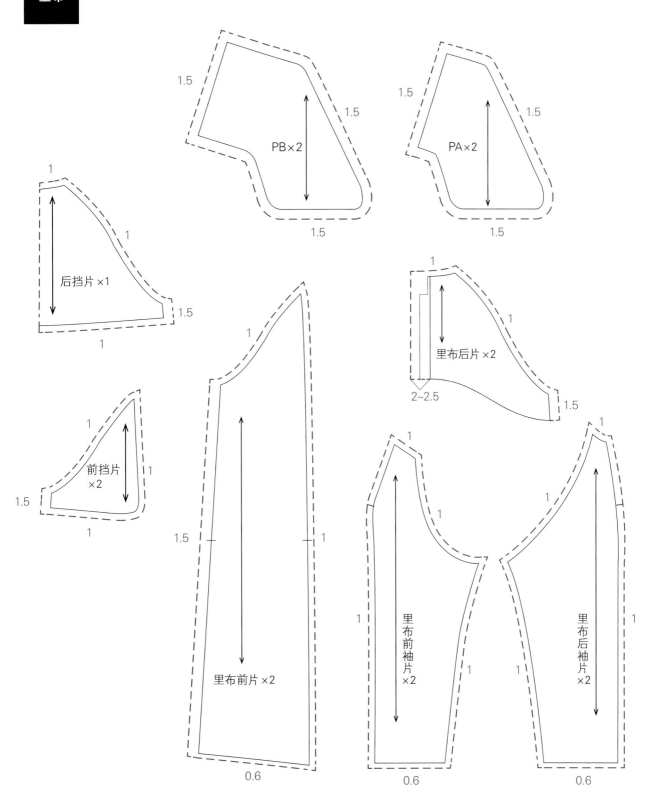

1.5

PB×2

1.5

1.5

1.5

PA×2

1.5

1.5

1

后挡片×1

1

1.5

1

1

里布后片×2

1

2~2.5

1.5

1

前挡片
×2

1

1.5

1

1

1

里布前片×2

1.5

1

0.6

1

1

里布
前袖
片
×2

1

1

0.6

1

里布
后袖
片
×2

1

0.6

Sewing · 缝制

正面

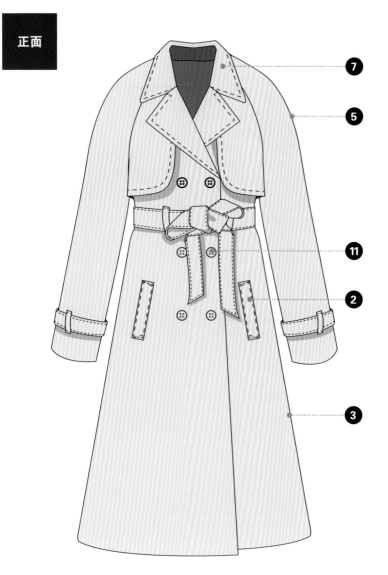

材料说明

正布（表布）：

单幅：（衣长＋缝份）×3＋（袖长＋缝份）

双幅：（衣长＋缝份）×1.5＋（袖长＋缝份）

里布：用布量比表布少66~83 cm

衬布：依照个人设计所需用衬量不同

扣子：前片中心6颗、内扣1颗、力扣6颗、

袖扣2颗

半里

表布制作

❶ 车缝后中心箱褶

❷ 车缝前片口袋

❸ 车缝前后片胁边线

❹ 车缝前后挡片

❺ 车缝前后袖中心线 + 袖下线

❻ 上袖

❼ 车缝领子

❽ 车缝衣身下摆 + 袖子下摆

❾ 车缝袖口耳带 + 腰部耳带

❿ 车缝腰带 + 袖带

⓫ 开扣眼 + 缝扣子（如开布扣眼，则在上里布前就要先开好）

里布制作（半里制作）

1 车缝后中心

2 车缝前后片胁边线

3 车缝前后袖中心线 + 袖下线

4 接袖

5 里布与表布贴边车缝

6 内部缝份固定（如袖下、胁边缝份）

7 表里布下摆 + 袖口手缝固定（下摆和袖口亦可用车缝法制作）

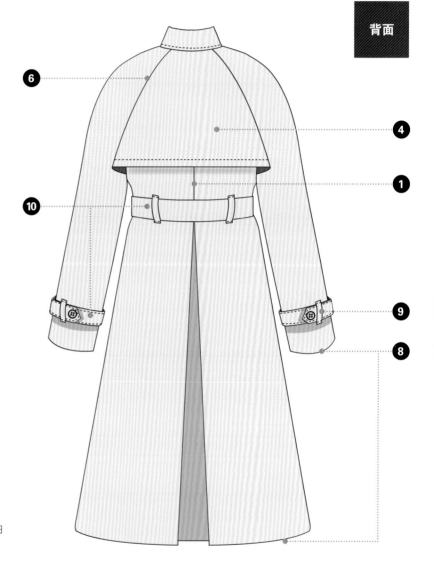

背面

8 | 大翻领洋装裙式外套

Preview · 基本资料

设计重点	基本尺寸（cm）
大翻领	胸围（B）：83
派内尔剪接	腰围（W）：64
盖式装饰性口袋	臀围（H）：92
双排扣	背长：38
束腰腰带	腰长：19
细褶设计	袖长：54＋3
二片袖（后袖剪接）	手臂根部围：36
袖襻	衣长：腰围线（WL）下55

Pattern Making · 打版

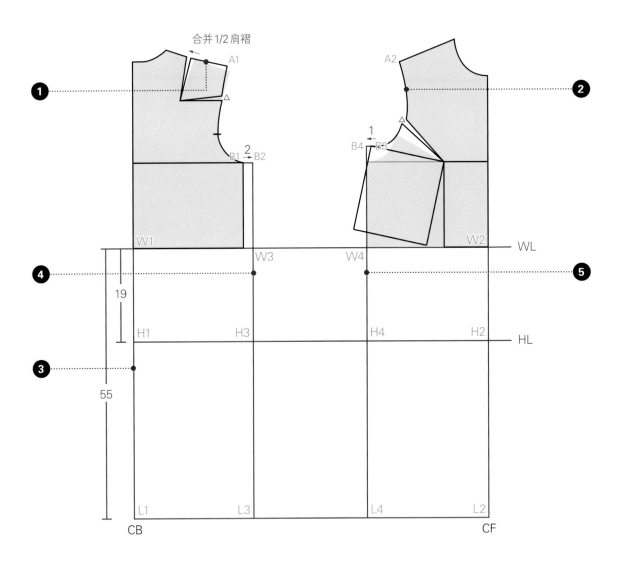

1 将1/2肩褶转至袖窿。
▮ 转移至袖窿的分量作为松份△。

2 将袖窿褶转至胁边。
▮ 保留与后袖相同△的松份，其他转至下摆。

3 衣长 自W1~L1取55 cm，腰长 自W1~H1取
19 cm，分别延伸至前中心线。

4 自B1往外取2 cm定B2，自B2平行后中心线往下
画至下摆线定L3。
▮ 此分量越大，胸围的松份会越多。可依布料厚
度、款式设计来决定分量的多少。

5 自B3往外取1 cm定B4，自B4平行前中心线往
下画至下摆线定L4。

步骤二

后片

1 腰线提高 4 cm，水平画直线。
　　! 4 cm 为外套腰带宽。

2 B2~B5 = 1.5 cm，W3~W6 = 2 cm，　自 W6 垂直往上画至 W8，连接 B5→W8→W6→H3 并延长至下摆线定 L5。
　　! B2~B5 往下取的尺寸越大，袖窿深度越大，袖子越宽松；反之取的尺寸越小越合身。W3~W6 往内取的尺寸越多，腰围松份越少，就越合身。

3 N~B 均分为二定 C1，W1~W5 = 1 cm，自 W5 垂直往上画至 W7，连接 C1→W7。

4 W1~D1 = 7 cm，自 D1 平行后中心线往下画至下摆线定 D2。
　　! 此分量为后片腰线的细褶分量，共 14 cm，往外尺寸越多，细褶分量越多，下身裙子越蓬。

前片

5 腰线提高 4 cm，水平画直线。

6 B4~B6=1.5~2 cm，W4~W9=2 cm，自 W9 垂直往上画至 W10，连接 B6→W10→W9→H4 并延长至下摆线定 L6。

7 自 W11 往右 0.5 cm 定 Q1，自 Q1 平行前中心线往下画至下摆线定 Q2。
　　! 此分量是要增加因为布料厚度而减少的尺寸。

8 Q1~Q3 = 7 cm，自 Q3 平行前中心线往下画至下摆线定 Q4。
　　! 此宽度为双排扣的重叠份，可依设计调整尺寸。

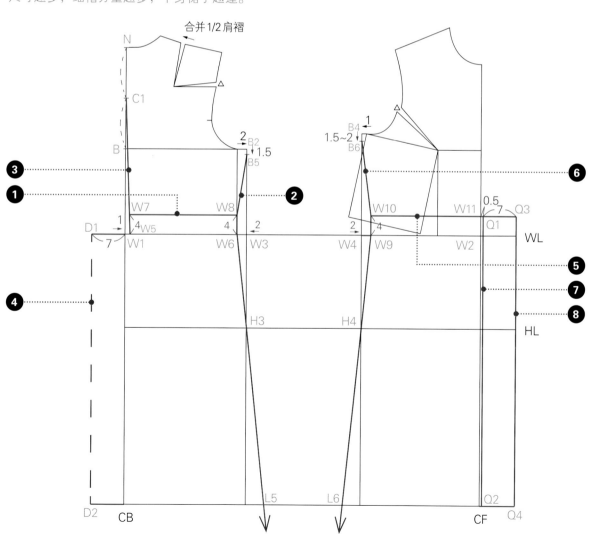

步骤三

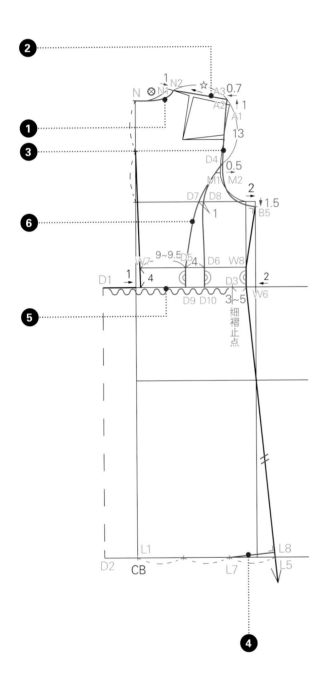

后片

1 N1~N2 = 1 cm，弧线连接N2~N为后领围。
　　ℹ️ 领围线要与后中心线垂直。

2 A1~A2往上提高1 cm，A2~A3 = 0.7 cm，直线连接N2→A3，此为后肩线。
　　ℹ️ A1~A2提高的尺寸是作为垫肩厚度和布料厚度的分量。如设计未加垫肩，分量就可减少。

3 后袖原型版上的对合点M1往右0.5 cm定M2，弧线连接A3→M2→B5为后袖窿。
　　ℹ️ 后袖窿要与肩线和胁边线垂直。

4 L1~L5均分为三定L7，自L7画胁边线的垂直线定L8。

5 W6~D3 = 3~5 cm，D3点为后片车缝细褶止点。

6 A3~D4 = 13 cm，W7~D5 = 9~9.5 cm，弧线连接D4→D5；D5~D6 = 4 cm，D7~D8 = 1 cm，弧线连接D4→D8→D6。自D5和D6垂直往下画至D9和D10，腰带上的褶子需纸型合并。

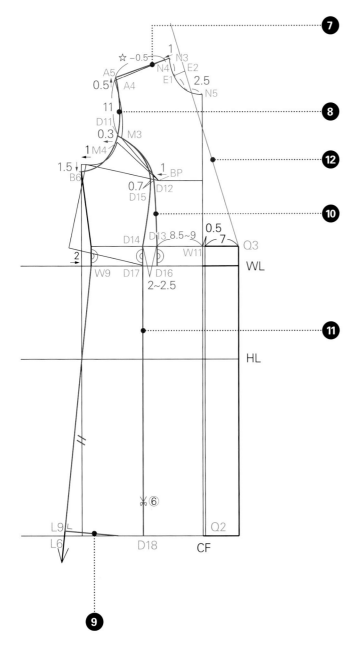

前片

7 N3~N4 = 1 cm，A4~A5往上提高0.5 cm，直线连接N4→A5，此为前肩线。

! 量后肩线N2~A3 = ☆，在前肩线取☆ − 0.5，为前肩线。故后肩线大于前肩线0.5 cm，此分量为后肩缩份，缩份的多少与体型和布料特性有关。

8 前袖原型版上的对合点M3往左0.3 cm定M4，弧线连接A5→M4→B6为前袖窿。

! 前袖窿要与肩线和胁边线垂直。

9 对合前后胁边长度，胁边和下摆取垂直。

! W9~L9 = W6~L8。

10 A5~D11 = 11 cm，BP~D12 = 1 cm，W11~D13 = 8.5~9 cm，弧线连接D11→D12→D13；D13~D14 = 2~2.5 cm，D12~D15 = 0.7 cm，弧线连接D11→D15→D14。自D13和D14垂直往下画至D16和D17，腰带上的褶子需纸型合并。

11 自D17平行前中心线往下画至D18，画切展符号注明6 cm。

! 即此版型要展开细褶份6 cm，可依设计款式或布料特性增减细褶份。

12 N3~N5均分为三定E1，E1~E2 = 2.5 cm，直线连接Q3→E2并往上延长。

! E1~E2 = 2.5 cm为前领腰高，Q3→E2为前翻领线。

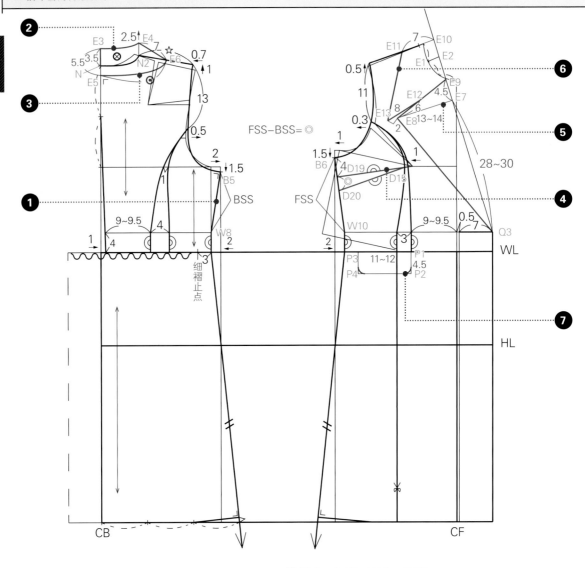

后片

1 确认后胁边（BSS）= B5~W8尺寸。

2 自N~E3取3.5 cm，N2~E4取2.5 cm，弧线连接 E4~E3。

❗ N~E3 = 3.5 cm为后领腰高，N2~E4 = 2.5 cm 为侧领腰高，E4~E3弧线为翻领线。领腰高尺寸大 小可依设计而不同。

3 E4~E6 = 7 cm，E3~E5 = 5.5 cm，弧线连接 E6→E5。

❗ E4~E6为侧领宽，E3~E5是后领宽，E6~E5弧 线是领外围线。领腰高和领宽尺寸大小都会因款式 而不同，但要注意：领宽要大于领腰高才能盖住领 围线。

前片

4 确认前胁边长FSS = B6~W10，FSS − BSS = ◎，取B6~D19 = 4 cm，D19~D20 = ◎，直线连

接D20→D15、D19→D15。

❗ 此胁边褶要纸型合并。

5 Q3~E7 = 28~30 cm，垂直翻领线E7~E8 = 13~14 cm，E7~E9 = 4.5 cm，直线连接 E9→E8→Q3。

❗ Q3~E7 = 28~30 cm决定下领片宽度位置， E7~E8 = 13~14 cm为下领片宽。

6 E10~E11 = 7 cm，E8~E12 = 6 cm，取 E12~E13 = 8 cm，E8~E13 = 2 cm，直线连接 E11→E13→E12。

❗ 此步骤为设计领型的前置作业，可依设计款式线 条自由决定尺寸。

7 按照图示尺寸自P1（D16）依序画出袋盖各点位 并连接。

❗ 此袋盖为装饰性口袋，亦可做实用性口袋，再另 裁袋布即可。

步骤五

后片

1 W2~D21 = 8 cm，W9~D22 = 2.5 cm，两端为车缝细褶止点。

2 N2~N 为后领围（⊗），E6~E5 为后领外围线（⊙），G1~G2 = 3.5 cm 即后领腰高，G2~G3

= 5.5 cm 即后领宽，G1~G4 = ⊗（即后领围），G2~G6 即翻领线。

❗ 此纸型便于前片制作上领片。

3 将前片翻领线左边的领线完全复制至右边。

4 将纸型G4点与前片N4对合，往左倾倒后使 G3~E81 = ⊙（后领外围线）

❗ G3~E81 为后领外围线长度，此线段过长，后领外围会松浮；此线段过短，后片衣身领围处会起皱。

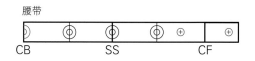

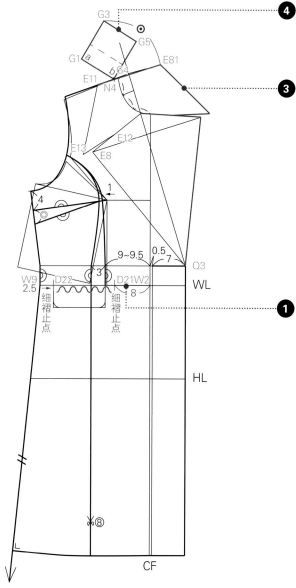

步骤六

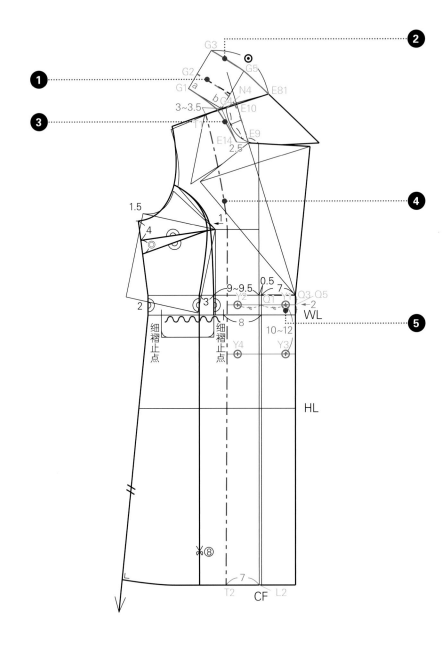

前片

1 将G2→E10→E9线条修顺。
　❗ 注意此为翻领线,要与领子后中心线垂直。

2 将G3→G5→E81线条修顺。
　❗ 注意此为领外围线,要与领子后中心线垂直。

3 E9~E14 = 2.5 cm, 连接N4(G4)→E14,将G1→E14线条修顺。

4 自N4~T1取3~3.5 cm,L2~T2 = 7 cm,自T1垂直肩线一段后画弧线再连接至T2。
　❗ 此版为前贴边,注意T1~T2的线条要与肩线和下摆线垂直。

扣子

5 Q3~Q5 = 2 cm(即腰带中心),自Q5往左2 cm定第1颗扣子Y1;取Y1~Q1 = Q1~Y2,Y2为第2颗扣子;Y1和Y2各往下10~12 cm定Y3和Y4两颗扣子,共4颗扣子。

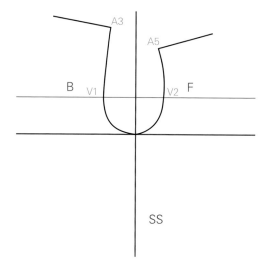

| 袖子 | 步骤一 |

基本尺寸（cm）

袖长：54 + 3

前袖窿（FAH）：依实际打版量得尺寸

后袖窿（BAH）：依实际打版量得尺寸

袖窿（AH）：FAH + BAH（依实际打版量得尺寸。前后袖窿尺寸会因实际画的曲线而不同，请以实际测量的衣身前后袖窿尺寸画袖子）

袖山高：5/6 袖山高

肘长：54/2 + 2.5 = 29.5

袖口：27

1 依照前后衣身版型描绘肩线和袖窿 A3~A5。

2 描绘 G 线、袖窿底线（胸线）和胁边线。
ⓘ G 线就是前片胸褶的位置，作为画前后袖山线的参考位置。

| 步骤二 |

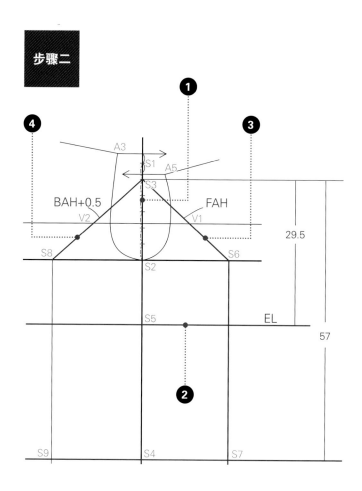

1 从 A3 向右画直线，从 A5 向左画直线，分别与胁边延长线交会，将交会段均分为二定 S1。S1~S2 均分为六，取 5/6 当袖山高（即 S3~S2）。自 S3~S4 取袖长 54 + 3=57 cm（袖长可依设计决定长度）。

2 自 S3~S5 取肘长 29.5 cm，水平画肘线。

3 自 S3~S6 取前袖窿（FAH），自 S6 与袖中心线平行往下画直线至 S7。

4 自 S3~S8 取后袖窿（BAH + 0.5），自 S8 与袖中心线平行往下画直线至 S9。
ⓘ 前后袖窿尺寸都是从衣身袖窿量得，后袖窿 + 0.5 cm，目的是增加后袖山的缩份。

步骤三

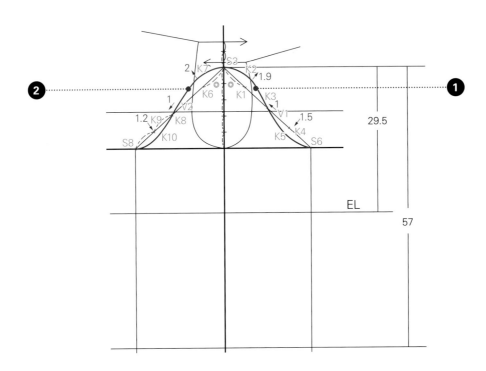

1 FAH/4 = ◎，S3~K1 = ◎，K1~ K2 = 1.9 cm，V1 往上 1 cm 定 K3，K3~S6 均 分 为 二 定 K4，K4~K5 = 1.5 cm，弧 线 连 接 S3→K2→K3→K5→S6（ 此 线 段 为 前袖山线 ）。

2 S3~K6 = ◎，K6~K7 = 2 cm，V2 往下 1 cm 定 K8，K8~S8 均 分 为 二 定 K9，K9~K10 = 1.2 cm，弧 线 连接 S3→K7→K8→K10→S8（ 此 线 段 为 后 袖 山 线 ）。

■ 确认袖山缩份尺寸，若尺寸不符可调整线条弧度。

步骤四

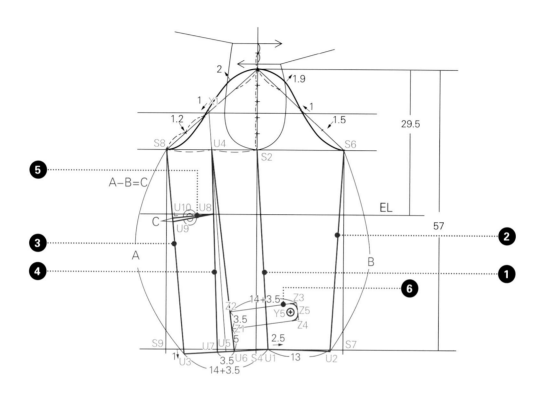

1 S4往前片移动2.5 cm定U1，直线连接S2→U1。

2 U1~U2 = 13 cm，直线连接S6→U2。
❗ 整圈袖口尺寸为27 cm，前袖口13 cm，后袖口14 cm，依个人设计调整尺寸。

3 U1~U3 = 14 + 3.5=17.5 cm，直线连接S8→U3。
❗ 后袖口14 cm，再加上后袖口褶宽3.5 cm。

4 S8~S2均分为二定U4，U1~U3均分为二定U5，直线连接U4→U5，U5左右取褶宽U6~U7 = 3.5 cm，弧线连接U4→U6、U4→U7，并往上延伸画至后袖山线X1。

❗ 此袖型为二片袖，但剪接线在后片，分为前袖和后袖。

5 于肘线上U8处垂直后袖下线取U9~U8，U9~U10取褶宽C，连接U10→U8。此褶在纸型上合并。
❗ 褶宽C = 前后袖下线的差，即S8~U3（A）－S6~U2（B）= C。

6 U6~Z1 = 5 cm，按照图示尺寸由Z1到Z5依序画出袖襻，并取Y5袖扣位置。
❗ 此款设计的袖襻是由后片剪接线至前片的装饰带，可依设计而有不同变化。

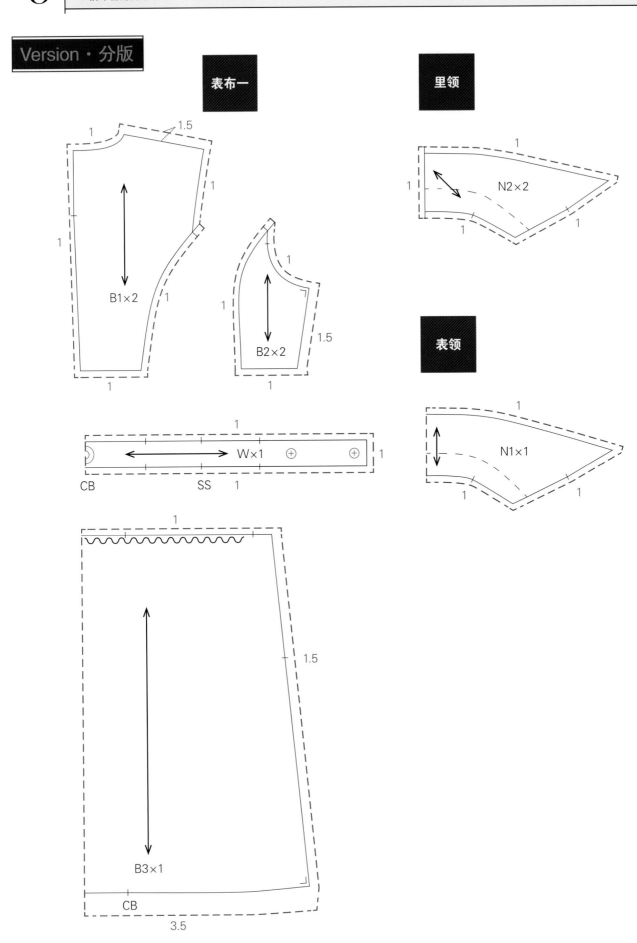

Version · 分版

表布一

里领

N2×2

表领

B1×2

B2×2

1.5

N1×1

W×1

CB   SS   1

B3×1

CB

3.5

表布二

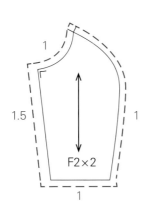

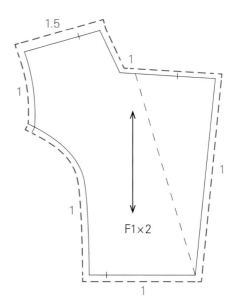

袋盖

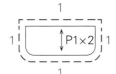

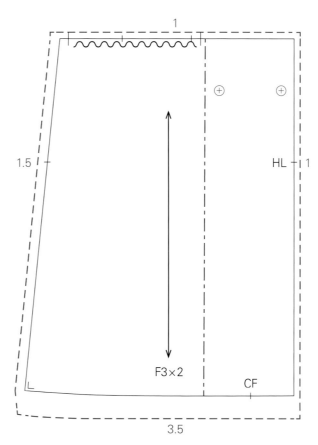

里布

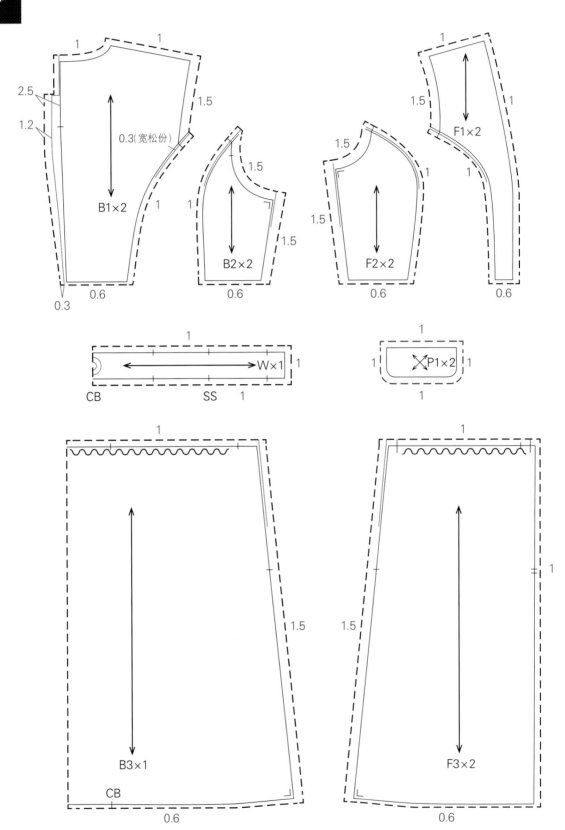

表袖

贴边

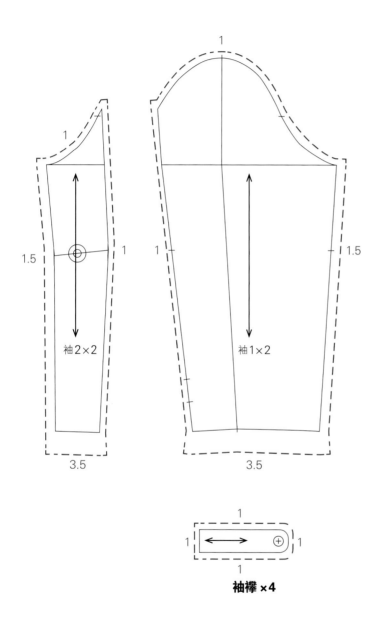

1

1

1.5

1

袖2×2

袖1×2

3.5

1.5

3.5

1

1

1

1

袖襻×4

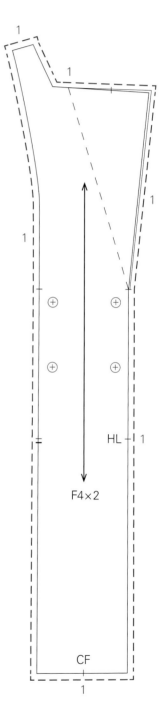

1

1

1

HL

1

F4×2

CF

1

Sewing · 缝制

正面

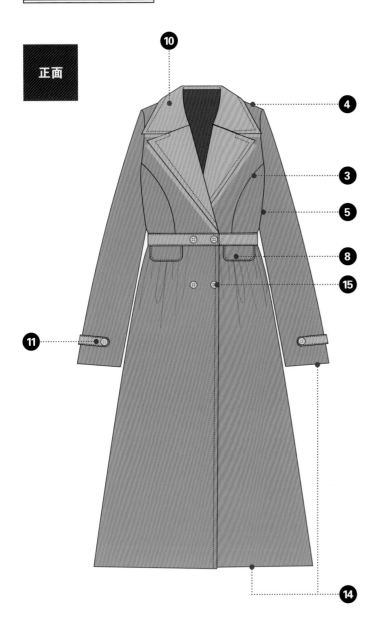

材料说明

正布（表布）：

单幅：（衣长＋缝份）×2＋（袖长＋缝份）

双幅：（衣长＋缝份）＋（袖长＋缝份）

里布：用布量比表布少33~50 cm

衬布：依照个人设计所需用衬量不同

扣子：前片中心4颗，内扣1颗，袖扣2颗

表布制作

❶ 车缝上身后中心线

❷ 车缝上身后片左右剪接线

❸ 车缝上身前片剪接线

❹ 车缝上身前后片肩线

❺ 车缝上身前后片胁边线

❻ 车缝下身裙子胁边线

❼ 下身裙子腰线车细褶

❽ 车缝前片腰间装饰袋盖

❾ 接合上身＋腰带＋下身裙子

❿ 车缝腰带，车缝上领片＋下领片

⓫ 车缝袖襻

⓬ 车缝前后袖

⓭ 上袖

⓮ 下摆＋袖口处理

⓯ 开扣眼＋缝扣子

里布制作

1 车缝上身后中心线
2 车缝上身后片左右剪接线
3 车缝上身前片剪接线
4 车缝上身前后片肩线 + 胁边线
5 车缝下身裙子胁边线
6 下身裙子腰线车细褶
7 接合上身 + 腰带 + 下身裙子
8 车缝前后袖
9 上袖
10 里布与表布贴边缝合
11 表里布内部细节固定（袖下线、肩线、
   腰带）
12 表里布下摆 + 袖口车缝或手缝固定（下
   摆可采用表里布分开缝或合缝的方式）

背面

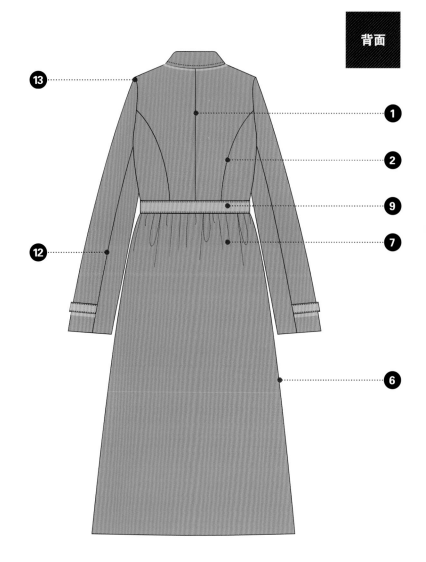

9 | 立翻领公主线大衣

 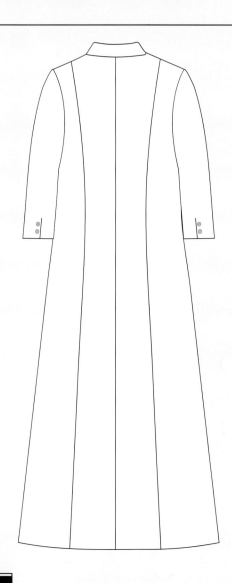

Preview · 基本资料

设计重点

立领 + 下翻领

公主剪接四面构成

剪接式口袋

双排扣

一片袖

基本尺寸（cm）

胸围（B）：83	
腰围（W）：64	
臀围（H）：92	
背长：38	
腰长：19	
袖长：43	
手臂根部围：36	
衣长：腰围线（WL）下65	

Pattern Making · 打版

步骤一

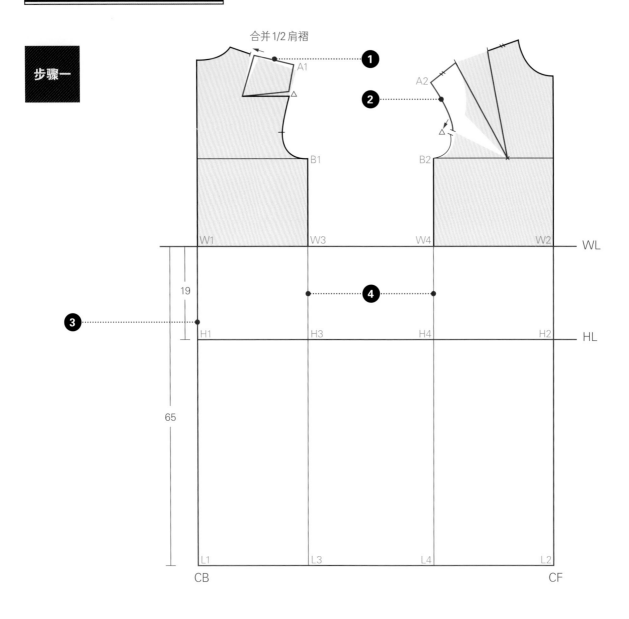

1 将1/2肩褶转至袖窿。
  ⚠ 转移至袖窿的分量作为松份△。

2 将前肩宽均分，袖窿胸褶保留与后袖相同△的
  松份，其他分量转至肩线。

3 衣长自W1~L1取65cm，腰长自W1~H1取19cm，
  分别延伸至前中心线。

4 自B1平行后中心线往下画至下摆线定L3，自B2
  平行前中心线往下画至下摆线定L4。

后片

1 自W1往上1.5 cm提高腰线定W5，画至前中心线定W6。

⚠ 腰线往上提高，线条比例较修长。

2 N~B均分为二定C1，W5~W7 = 1.5 cm，连接C1→W7。L1~L5 = 1.5 cm，直线连接W7→L5。

⚠ W5~W7 = 1.5 cm是后中心收腰合身度尺寸，可依设计线条而调整。

3 B1~B3 = 1.5 cm，自B3画垂直线至腰线W8，B3~B4 = 1 cm，W8~W9 = 2 cm，L3~L6 = 4 cm，直线连接B4→W9→L6。

4 L5~L6均分为三，自两个1/3处分别画后中心线和胁边线的垂直线定L9、L8（后中心线和胁边线要和下摆线垂直）。

前片

5 B2~B5 = 1 cm，自B5画垂直线至腰线定W10，B5~B6 = 1 cm，W10~W11 = 2 cm，L4~L10 = 4 cm，直线连接B6→W11→L10（对合前后胁边长度定L11）。

6 W6~Q1 = 4 cm，L2~L12 = 2 cm，直线连接Q1→L12。

⚠ W6~Q1 = 4 cm是双排扣的重叠份，L2~L12 = 2 cm是前中心的交叠斜度，可依设计调整尺寸，尺寸越大，斜度越大。

7 胁边线和前中心线要与下摆线垂直。

步骤二

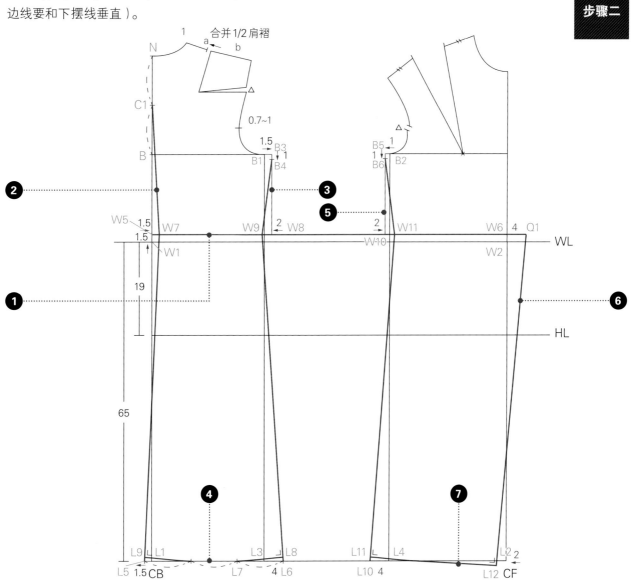

步骤三

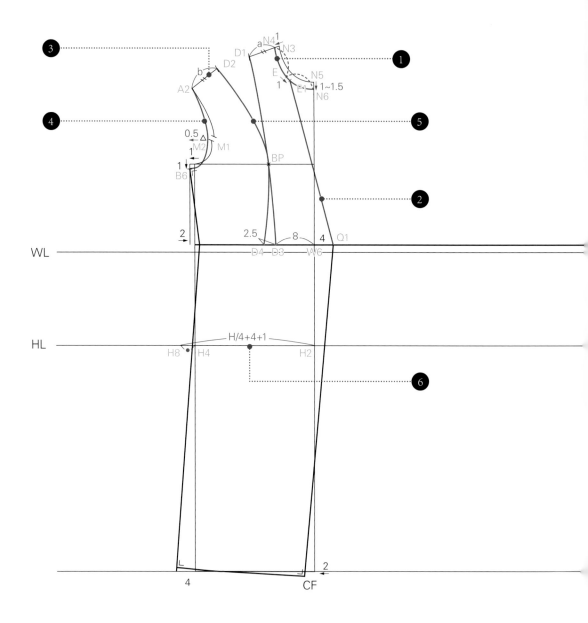

前片

1 N3~N4 = 1 cm，N5~N6 = 1 ~ 1.5 cm，弧线连接N4→N6。

2 N4~N6均分为二定E，E~E1 = 1 cm，直线连接E1→Q1。
⚠ 此线段为下领片的翻领线。

3 确认肩线a和b的宽度，以备后片对合肩线宽。

4 在原型版上的对合点M1~M2=0.5 cm，弧线连接A2→M2→B6为前袖窿。
⚠ 注意：袖窿线要与肩线和胁边线垂直。

5 W6~D3 = 8 cm，D3~D4 = 2.5 cm，弧线连接D1→BP→D3、D2→BP→D4。
⚠ 弧线连接时BP位置上下2~3 cm为同一条线，保留胸线基本的松份。如果胸线想要再做合身些，可将公主线两条弧线剪接线分开画，例如BP位置相隔约0.5 cm，再画剪接线，前片胸线就会减少1 cm松份。D3~D4褶宽可依合身度调整尺寸。

6 取H2~H8 = H/4 + 4 + 1 = 28 cm。
⚠ H/4 + 4 + 1 = 28 cm， + 4 cm是臀围松份、 + 1 cm是臀围前后差，松份可依设计调整尺寸。H4~H8 = ●将于剪接线交叉重叠时补出不足分量。

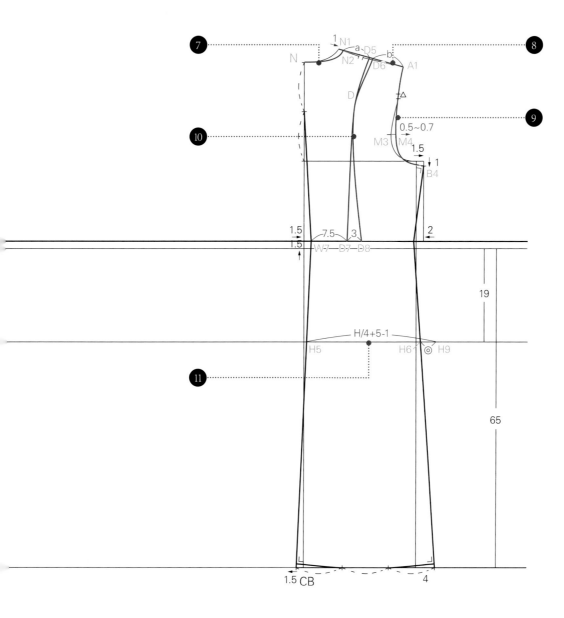

后片

7 N1~N2 = 1 cm，弧线连接 N2→N。

⚠ 后领围线要与后中心线垂直。

8 取 N2~D5 = N4~D1，A1~D6 = A2~D2，被动获得后肩褶宽。

⚠ 前后公主线剪接线在肩线处会对合在一起。

9 在原型版上的对合点 M3~M4 = 0.5 cm，弧线连接 A1→M4→B4 为后袖窿。

⚠ 注意：袖窿线要与肩线和胁边线垂直。

10 W7~D7 = 7.5 cm，D7~D8 = 3 cm，弧线连接 D5→D→D7，D6→D→D8。

⚠ D 的位置是肩胛骨的参考点，可依体型或线条设计做上下或左右移动。

11 取 H5~H9 = H/4 + 5 − 1 = 27 cm。

⚠ H/4 + 5−1 = 27 cm，+ 5 cm 是臀围松份，−1 cm 是臀围前后差，松份可依设计调整尺寸。H6~H9 = ◎将于剪接线交叉重叠时补出不足分量。

步骤四

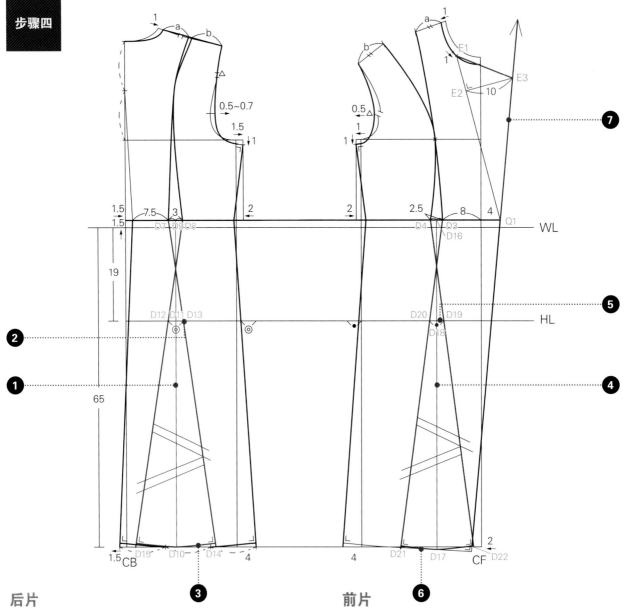

后片

1 D7~D8均分为二定D9，自D9画腰围线的垂直线
至臀围线定D11、至下摆线定D10。

2 自D11左右取D12~D13=◎，直线连接D7
→D13延长至下摆线定D14，D8→D12延长
至下摆线定D15。
! D12~D13 =◎即补足臀围不足的松份。

3 交叉重叠线要与下摆线取垂直。

前片

4 前片D3~D4均分为二定D16，自D16画腰围线的
垂直线至臀围线定D18、至下摆线定D17。

5 自D18左右取D19~D20 = ●，直线连接D3→
D20延长至下摆线定D21，D4→D19延长至下摆
线定D22。
! D19~D20 = ●即补足臀围不足的松份。

6 交叉重叠线要与下摆线取垂直。

7 自Q1直线往上画延长线，垂直翻领线取E2~E3
= 10 cm，直线连接E1→E3。
! E2~E3 = 10 cm是下领片面宽，可依设计需求调
整尺寸。

步骤五

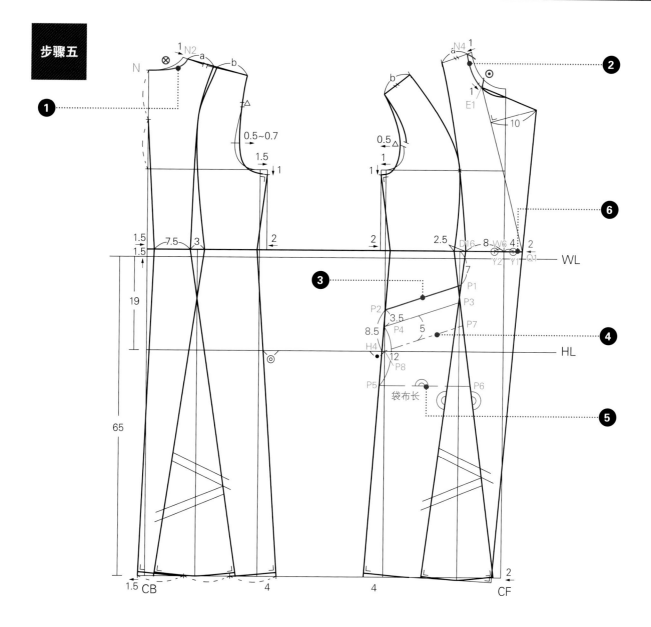

后片

1 确认后领围尺寸 N~N2 = ⊗。

前片

2 确认前领围尺寸 N4~E1 = ⊙。

3 口袋位置：D16~P1 = 7 cm，H4~P2 = 8.5 cm，直线连接 P1→P2，平行往下画出口袋口宽 3.5 cm。

4 自 P3→P4 平行往下 5 cm 画口袋口贴边线。

5 P4~P5 = 12 cm，自 P5 画下摆线的平行线至 P6，为口袋袋布长。

6 自 Q1 往内 2 cm 定 Y1，Y1 是第 1 颗扣子，取 Y1~W6 = W6~Y2，Y2 为第 2 颗扣子。

步骤六

步骤七

BN= ⊗
FN= ⊙

①

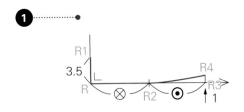

②

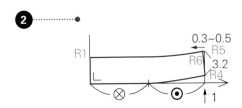

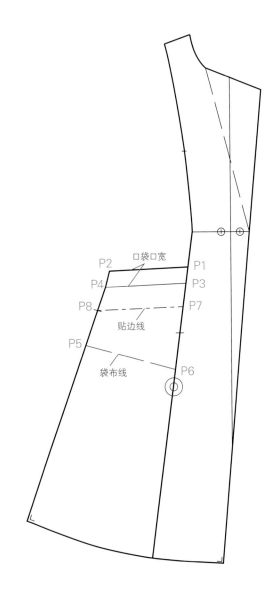

1 取R~R1 = 3.5 cm，R~R2 = ⊗（后领围），
R2~R3 = ⊙（前领围），R3往上1 cm定R4，弧线
连接R4→R2。

2 取 R4~R5 = 3.2 cm，R5往左0.3 ~ 0.5 cm定
R6，连接 R6→R1、R6→R4。

合并前片口袋口线条。

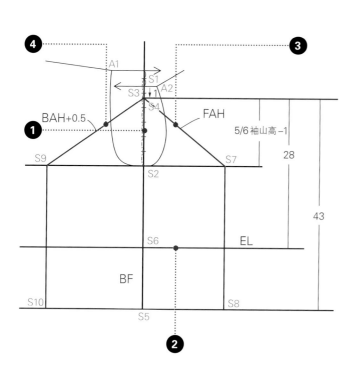

袖子 **步骤一**

基本尺寸（cm）

袖长：43

前袖窿（FAH）：依实际打版量得尺寸

后袖窿（BAH）：依实际打版量得尺寸

袖窿（AH）：FAH + BAH（依实际打版量得尺寸。前后袖窿尺寸会因实际画的曲线而不同，请以实际测量的衣身前后袖窿尺寸画袖子）

袖山高：5/6 袖山高 −1

肘长：28（自定肘线位置比一般肘线位置高一点）

袖口：28

1 依照前后衣身版型描绘肩线和袖窿 A1~A2。

2 描绘 G 线、袖窿底线（胸线）和胁边线。
G 线就是前片胸褶的位置，作为画前后袖山线的参考位置。

步骤二

1 从 A1 向右画直线，从 A2 向左画直线，分别与胁边延长线交会，将交会段均分为二定 S1。S1~S2 均分为六，取 5 / 6 往下 1 cm 当袖山高（即 S4~S2）。自 S4~S5 取袖长 43 cm（袖长可依设计决定长度）。

2 自 S4~S6 取肘长 28 cm。

3 自 S4~S7 取前袖窿（FAH），自 S7 与袖中心线平行画直线至 S8。

4 自 S4~S9 取后袖窿（BAH+0.5），自 S9 与袖中心线平行画直线至 S10。
前后袖窿尺寸都是从衣身袖窿量得，后袖窿 + 0.5 cm，目的是增加后袖山的缩份。

步骤三

FAH/4=✿

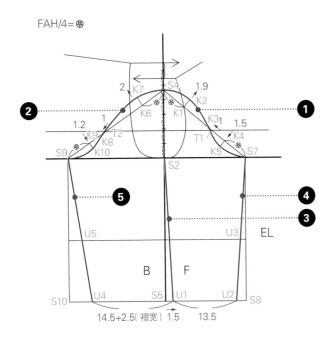

1　FAH/4=✿，S4~K1=✿，K1~ K2 = 1.9 cm，T1往 上1 cm定K3，S7~K4=✿，K4~K5 = 1.5 cm，弧线连接S4→K2→K3→K5→S7，此线段为前袖山线。

❗ 所有提高或下降的尺寸皆会影响袖山缩份量，可依需求而调整尺寸。

2　S4~K6=✿，K6~K7 = 2 cm，T2往下1cm定K8，S9~K9=✿，K9~K10 = 1.2 cm， 弧线连接S4→K7→K8→K10→S9，此线段为后袖山线。

3　S5往前片移动1.5 cm定U1，直线连接S2→U1。

❗ 合身袖型一片袖，将袖中心向前倾，配合人体手臂线条。

4　U1~U2 = 13.5 cm，直线连接S7→U2。

❗ 整圈袖口尺寸为28 cm，前袖口13.5 cm，后袖口14.5 cm，依个人设计调整尺寸。

5　U1~U4 = 14.5 + 2.5=17 cm， 直线连接S9→U4。

❗ 后袖口14.5 cm，再加上后袖口褶宽2.5 cm。

步骤四

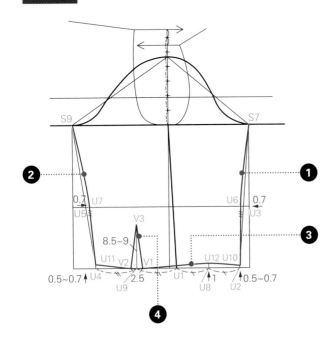

1　U3~U6 = 0.7 cm，U2往上提高0.5~0.7 cm定U10，弧线连接S7→U6→U10。

2　U5~U7 = 0.7 cm，U4往上提高0.5~0.7 cm定U11，弧线连接S9→U7→U11。

3　U1~U2均分为二定U8,U1~U4均分为二定U9，U8~U12 = 1 cm， 弧线连接U10→U12→U9→U11。

4　自U9取褶长8.5~9 cm、褶宽V1~V2 = 2.5 cm，连接褶子V1→V3、V3→V2。

Version · 分版

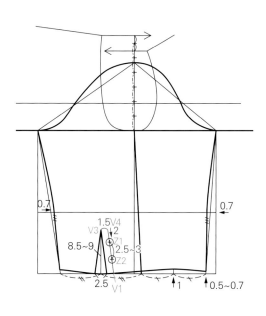

袖扣位置：V3平行往右1.5 cm定V4，
V4~Z1 = 2 cm，Z1~Z2 = 2.5~3 cm，共
Z1、Z2两颗袖扣。

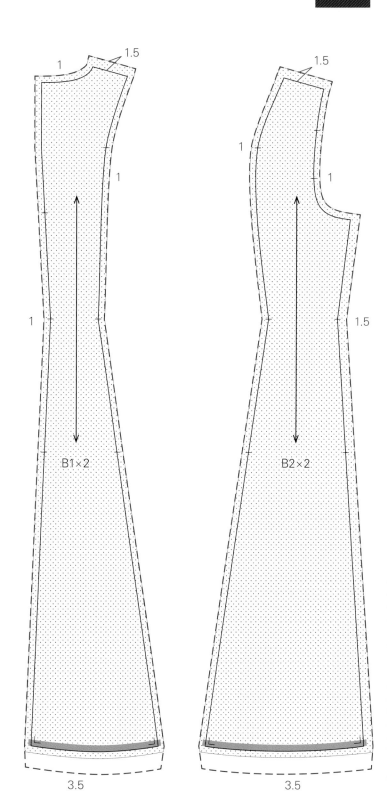

表布二

袋口布

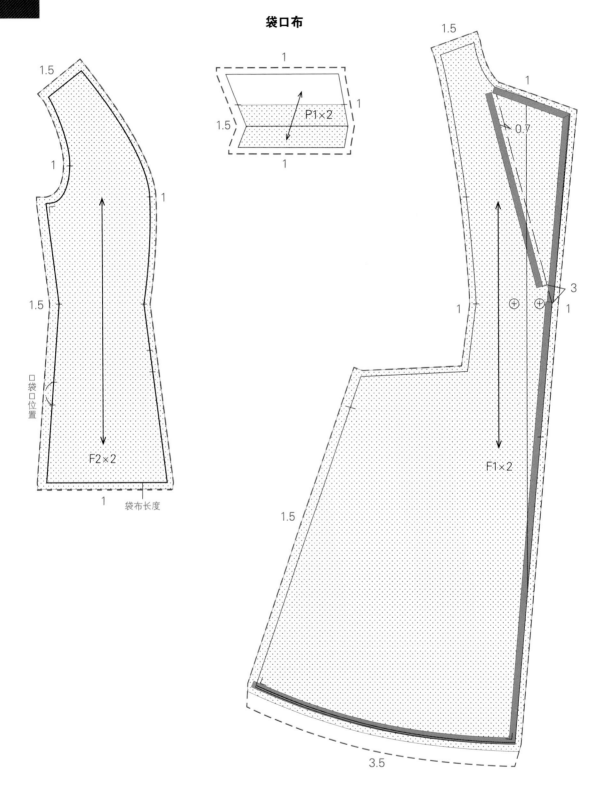

1.5

1

P1×2

1.5

1

1

1.5

1

1

1

0.7

3

1

1.5

1

1

F1×2

1.5

3.5

F2×2

袋布长度

口袋口位置

前贴边布

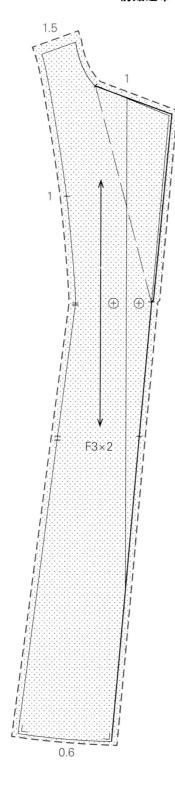

1.5

1

1

F3×2

0.6

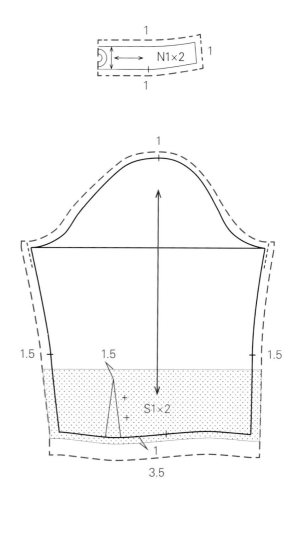

1

N1×2

1

1

1

1.5

1.5

1.5

1.5

S1×2

1

3.5

里布一

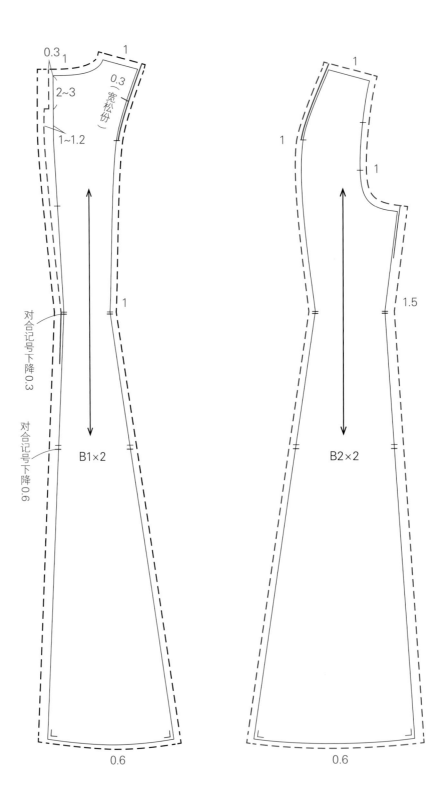

0.3
1
1

2~3

0.3
（宽松份）

1~1.2

1

对合记号下降0.3

对合记号下降0.6

B1×2

1

1

1

1

1.5

B2×2

0.6

0.6

里布二

里布三

袋布

P2×2

1.5   1   1

1

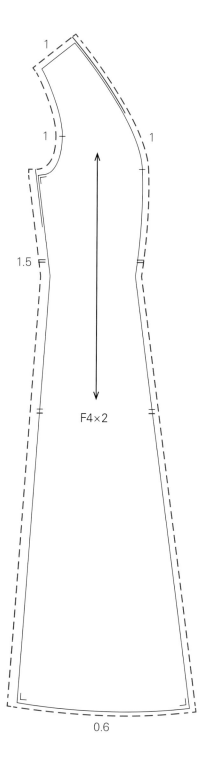

1   1

1   1

1.5

F4×2

0.6

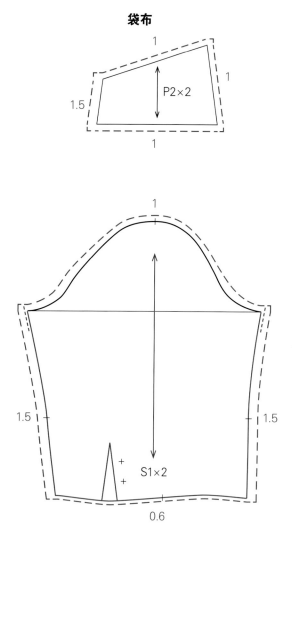

1

1.5   1.5

S1×2

0.6

Sewing · 缝制

正面

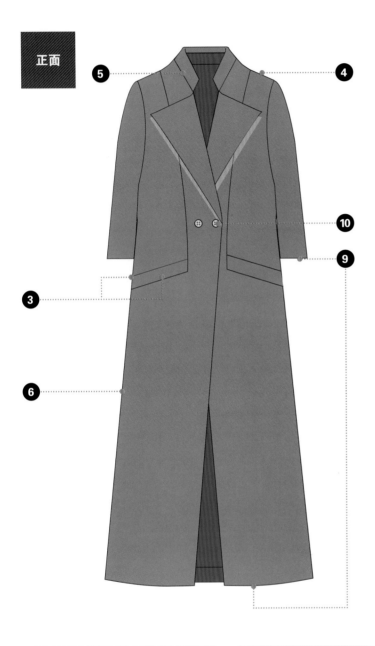

材料说明

正布(表布):

单幅:(衣长+缝份)×2+(袖长+缝份)

双幅:(衣长+缝份)+(袖长+缝份)

里布:用布量约比表布少33 cm

衬布:依照个人设计所需用衬量不同

扣子:前片中心2颗、内扣1颗、袖扣4颗

表布制作

❶ 车缝后片公主线剪接线

❷ 车缝左右后中心线

❸ 车缝前片公主线剪接线 + 口袋

❹ 车缝前后片肩线

❺ 车缝上领片立领 + 下领片

❻ 车缝前后片胁边线

❼ 车缝袖子后片尖褶袖扣

❽ 表布上袖

❾ 车缝衣身下摆 + 袖子下摆

❿ 开扣眼 + 缝扣子（如开布扣眼，则
   在上里布前就可先开好）

里布制作

1 车缝后片公主线剪接线

2 车缝左右后中心线

3 车缝前片公主线剪接线

4 车缝前后片肩线 + 胁边线

5 车缝袖子

6 里布与表布贴边缝合

7 表里布内部细节固定（袖下线、肩线、
   胁边线）

8 表里布下摆 + 袖口手缝固定（下摆和袖
   口亦可用车缝法制作）

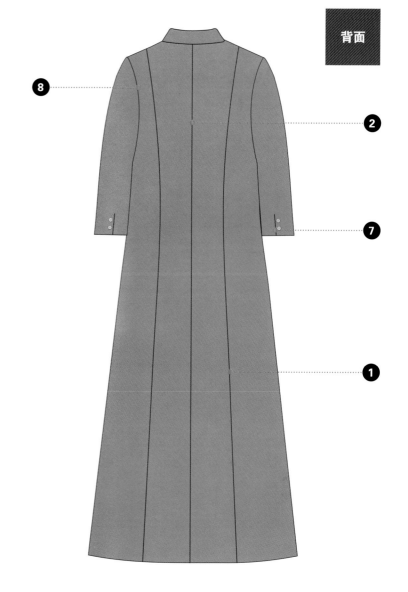

背面

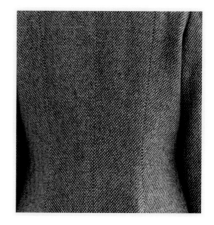

10 | 无领半开暗门襟连袖大衣

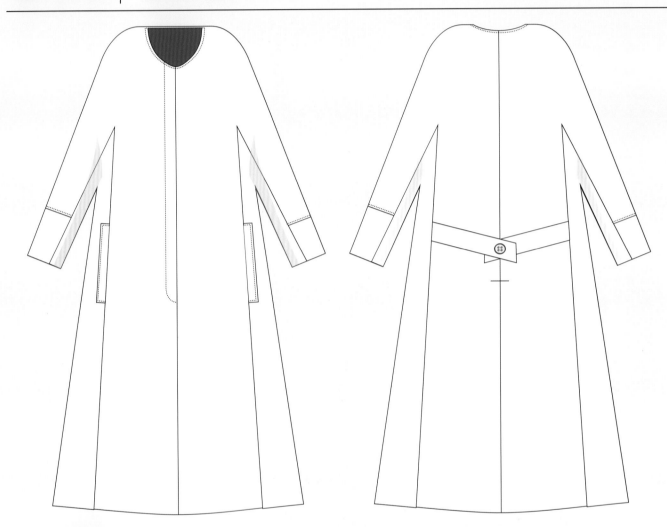

Preview · 基本资料

设计重点

无领

立式口袋

单排扣半开暗门襟

后片腰襻

连袖长衩片

基本尺寸（cm）

胸围（B）：83

腰围（W）：64

臀围（H）：92

背长：38

腰长：19

袖长：54+4

手臂根部围：36

衣长：腰围线（WL）下65

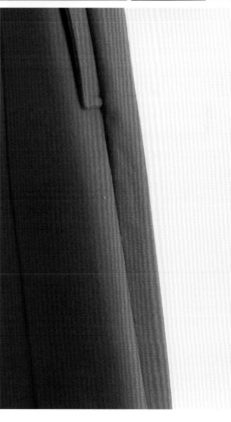

Pattern Making · 打版

步骤一

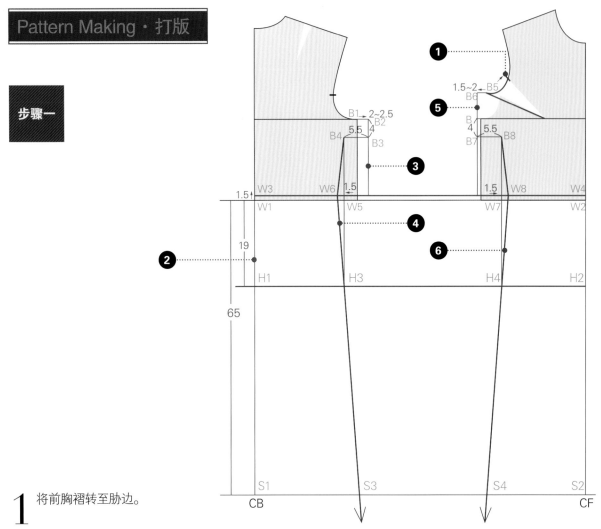

1 将前胸褶转至胁边。

2 衣长自W1~S1取65 cm，W1往上1.5 cm定W3，水平延伸画至前中心线定W4。腰长自W1~H1取19 cm，延伸至前中心线定H2。

❗ W1往上1.5 cm定腰围线，目的是提高腰线增加修长感。

3 自B1~B2往外取2~2.5 cm，B2~B3取4 cm，B3~B4取5.5 cm，自B4垂直往下画至臀围线定H3。

❗ B2~B3往下取的尺寸越大，袖窿深度越大，连袖袖宽越宽松；B3~B4往内取的尺寸是连袖衽片胸围部位的宽度。

4 W5~W6 = 1.5 cm，连接B4→W6→H3至下摆线定S3。

5 自B5~B6往外取1.5~2 cm，B~B7取4 cm，B7~B8取5.5 cm，自B8垂直往下画至臀围线定H4。

6 W7~W8 = 1.5 cm，连接B8→W8→H4至下摆线定S4。

步骤二

后片

1 将下摆线均分为三定S5，自S5画胁边线的垂直线定S6。

2 N~N1取1 cm，N2~N3取3 cm，弧线连接N3~N1为后领围。

❗ 领围线要与后中心线垂直。

3 A~A1 = 2 cm，A1往上提高1 cm定A2，直线连接N3→A2并延长。

❗ A1~A2提高的尺寸是作为垫肩厚度和布料厚度的分量，垫肩越厚提高的尺寸越多。

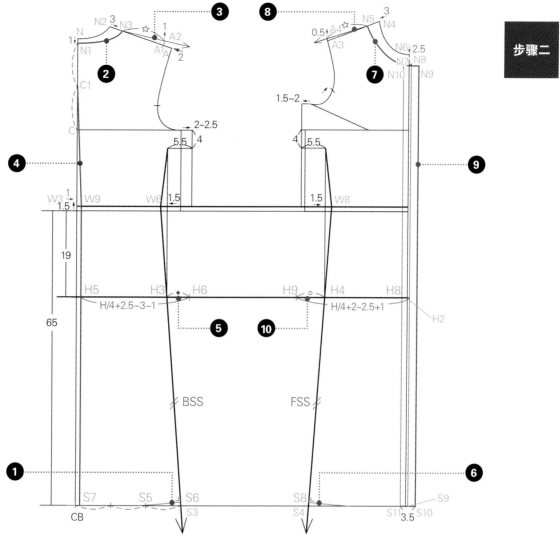

$\large 4$ N1~C均分为二定C1，W3~W9 = 1 cm，直线连接C1→W9→S7。

⚠ 后中心线腰围处内缩W3~W9 = 1 cm，使后腰线较合身。注意：背宽C1处要修顺，不能有角度，自W9画后中心线的平行线至下摆线定S7。

$\large 5$ H5~H6取 H/4+2.5~3-1 = 24.5~25 cm，H3~H6 = ●。

⚠ H/4+2.5~3-1 = 24.5~25 cm，+2.5~3 cm是臀围的松份，尺寸越大越宽松；-1 cm是前后差。H3~H6 = ●，此段不足的分量由袖下长衩片补足。

前片

$\large 6$ 取后片胁边与前片胁边等长，即W6~S6 = W8~S8，自S8胁边线取垂直修顺至下摆线。

$\large 7$ N4~N5取3 cm，N6~N7取2.5 cm，弧线连接N5~N7为前领围。

⚠ 领围线要与后中心线、肩线垂直。

$\large 8$ A3~A4往上提高0.5 cm，直线连接N5→A4并延长。

⚠ 量后肩线N3~A2 = ☆，在前肩线取☆尺寸，为前肩线。

$\large 9$ N7~N8 = 0.5 cm，自N8画前中心线的平行线至下摆线定S9；以N8为中心，左右取N9~N10 = 3.5 cm，自N9、N10分别画前中心线的平行线至下摆线定S10、S11。

⚠ N7~N8 = 0.5 cm是要增加因为布料厚度而减少的尺寸，故中心多出0.5 cm，布料越厚尺寸越大；N9~N10 = 3.5 cm为前门襟宽，可依设计调整宽度。

$\large 10$ 自H8~H9取H/4+2-2.5 + 1 = 26~26.5 cm，H4~H9 = ○。

⚠ H/4 + 2-2.5 + 1 = 26~26.5 cm，+2~2.5 cm是臀围的松份，尺寸越大越宽松；+ 1 cm是前后差。H4~H9 = ○，此段不足的分量由袖下长衩片补足。

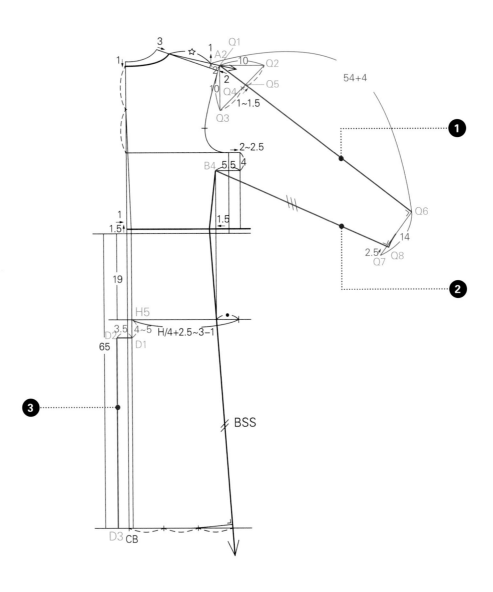

后片

1 A2~Q1 = 2 cm，以Q1为顶点做腰长10 cm的等腰直角三角形定Q2、Q3，Q2~Q3均分为二定Q4，Q4再往上1~1.5定Q5，直线连接Q1→Q5并延长至Q6；A2~Q6取袖长54 + 4 = 58 cm。

❗ A2~Q1 = 2 cm为连袖袖山与肩点的接合缓冲份；以Q1为顶点做腰长10 cm的等腰直角三角形，目的是画出连袖袖中心的倾斜度，此角度与袖子的机能性（活动空间）有关，倾斜度越大，机能性越小；倾斜度越小，机能性越大。

2 自Q6画袖中心线的垂直线，取袖宽14 cm定Q7，Q7~Q8 = 2.5 cm，直线连接B4→Q8（袖宽可依设计调整宽度）。

❗ Q7~Q8 = 2.5 cm，会由袖下长衩片补足袖口分量，此宽度可依设计而改变尺寸。

3 H5~D1 = 4~5 cm，D1~D2 = 3.5 cm，自D2垂直往下画至下摆线定D3。

❗ H5~D1 = 4~5 cm，为后开衩的高度；D1~D2 = 3.5 cm为后开衩的宽度。开衩高度与宽度都可依设

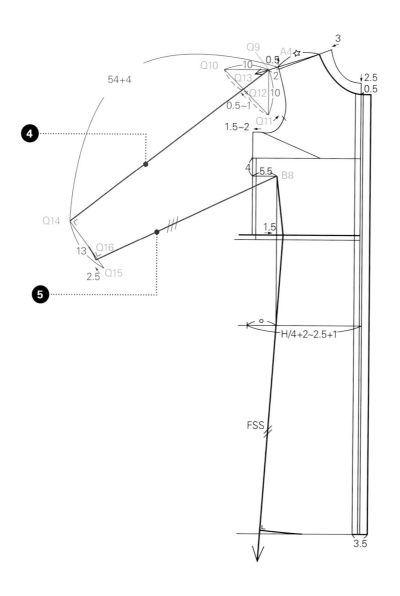

前片

4 A4~Q9 = 2 cm，以Q9为顶点做腰长10 cm的等腰直角三角形定Q10、Q11，Q10~Q11均分为二定Q12，Q12再往上0.5~1 cm定Q13，直线连接Q9→Q13并延长至Q14；A4~Q14取袖长54 + 4 = 58 cm。

5 自Q14画袖中心线的垂直线，取袖宽13 cm定Q15，Q15~Q16 = 2.5 cm，直线连接B8→Q16。

步骤四

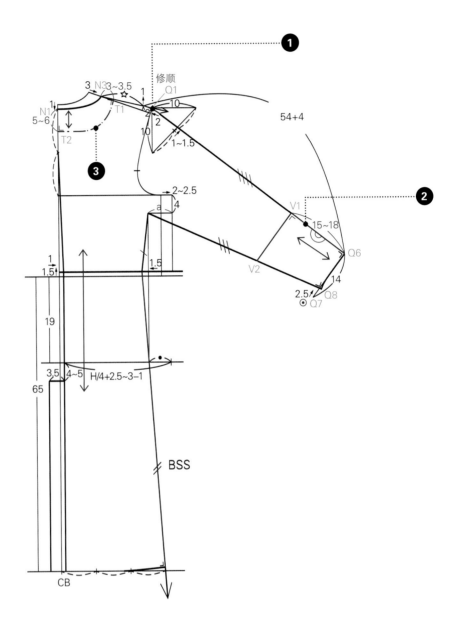

后片

1 Q1 处修顺。

2 Q6~V1 = 15~18 cm，自 V1 画袖中心线的垂直线至袖下线定 V2。袖口 Q8 要与袖下线垂直。

⚠️ Q6~V1 = 15~18 cm 为袖口剪接线位置，可依袖长来决定比例大小。前后袖口布的袖中心线合并连裁。

3 N3~T1 = 3~3.5 cm，N1~T2 = 5~6 cm，弧线连接 T1→T2。

⚠️ 此为后贴边宽度，注意贴边线要与后中心线和肩线垂直。

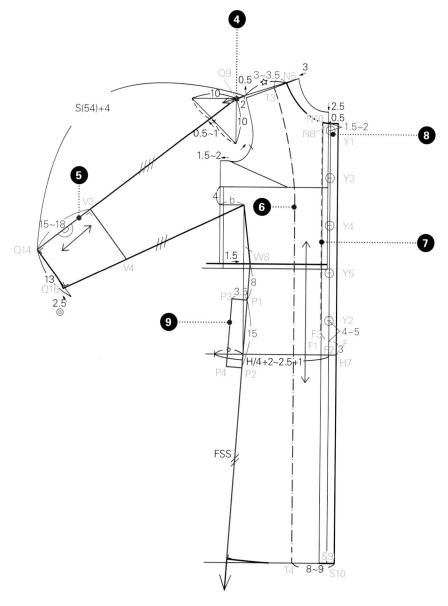

前片

4 Q9处修顺。

5 Q14~V3 = 15~18 cm，自V3画袖中心线的垂直线至袖下线定V4。袖口Q16要与袖下线垂直。

⚠ 前后袖口布的袖中心线合并连裁。

6 N5~T3 = 3~3.5 cm，S10~T4 = 8~9 cm，弧线连接T3→T4。

⚠ 此为前贴边宽度，注意画此贴边线时要与肩线垂直画弧线，约画至胸线处再与前中心线平行画至下摆线。

7 自H7往上3 cm定F，自F水平画至门襟宽定F1、F2，F1~F3 = 3~3.5 cm，弧线修圆角F3→F2→F。

⚠ 扣子位置：H7~F = 3~3.5 cm，为半开襟的止点；此宽设计为半开暗门襟，分版处会说明裁片。

8 N8往下1.5~2 cm定Y1，Y1是第1颗扣子，F2往上4~5 cm定Y2，Y2是最下方的扣子，Y1~Y2之间均匀分配Y3、Y4、Y5扣子，总共5颗扣子。

9 W8~P1 = 8 cm，P1~P2 = 15 cm，P1~P3 = 3.5 cm，画出长方形口袋布宽。

步骤五

长袯片

1 以G为中心，左右各取4 cm定G1、G2，即G1~G = G2~G = 4 cm。自G垂直腰围线画一条袯片中心线至G3，G~G3 = 65 cm（即衣长）。

！ G1~G2 = 8 cm是长袯片腰部的尺寸，此部位尺寸越大，腰围松份越多；反之越合身。

2 G~G4 = 19+1.5 = 20.5 cm（即 腰 长+提 高腰线1.5 cm），此段为臀围线，G4~G5 = ○，G4~G6 = ●，直线连接G1→G5、G2→G6并延长至下摆定G7、G8，G3下降0.5~0.7 cm，与两边取垂直。

！ 注意：确认袯片两侧长度与前后片的长度相同。（●是后臀宽不足分量；○是前臀宽不足分量。）

3 自G往上取腰上胁边长（即W6~B4 = W8~B8），左右取衣身a（B3~B4）、b（B7~B8），定G10、G9，直线连接G9→G1、G10~G2。

4 G11~G12往上取袖下长度，G12左右各取2.5 cm袖口宽（Q7~Q8、Q15~Q16）定G14、G15，再直线连接G9→G13、G10→G14。

！ 注意要对合G9~G13 = B8~Q16，G10~G14 = B4~Q8。

衣身尺寸有变动，袯片尺寸也会跟着变动，故袯片剪接设计可依个人喜好而改变。

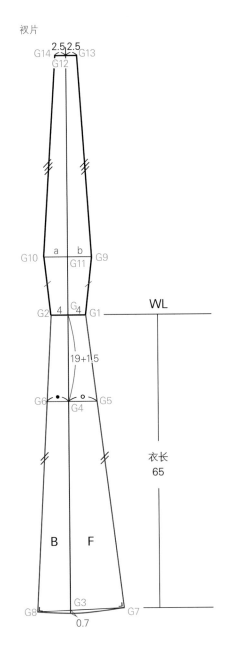

袯片

2.5 2.5
G14 G13
G12

G10 a b G9
G11

WL
G2 4 G4 G1

19+1.5

G6 ● ○ G5
G4

衣长
65

B F

G3
G8 G7
0.7

步骤六

口袋

1 P1~P5 = 1.5 cm，P5~P6 = 10~11 cm。

2 P2~P7 = 1.5 cm，P7~P8 = 2 cm，P8~P9 = 10 cm，P9~P10 = 1.5 cm，P10~P11 = 15~16 cm，直线连接P6→P11。

3 自P7→P10→P11修成弧线。

4 自P6斜向往外3 cm定P12，P5→P12→P11，修成弧线。

❗ 口袋大小可依个人手部大小和设计目的而调整尺寸。

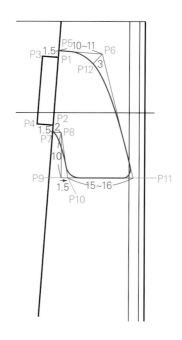

步骤七

腰襻

1 W6~X1 = 6 cm，自X1按照图示尺寸依序画至X7完成襻带长与宽。

❗ 襻带长宽尺寸可依设计调整，此款长度可往前片扣。

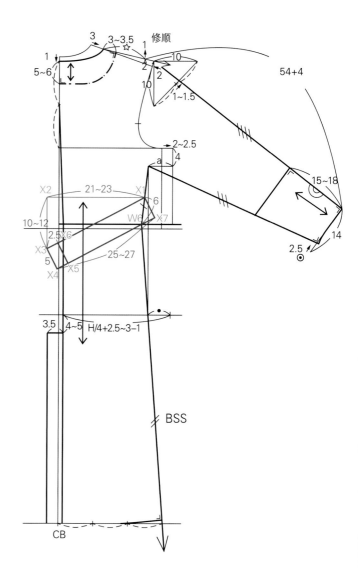

Version · 分版

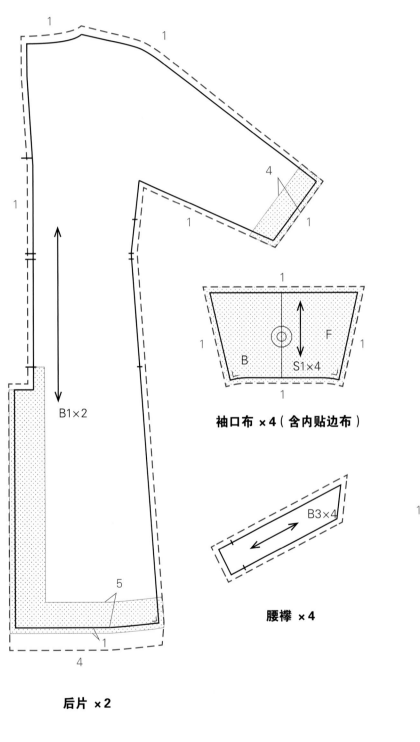

B1×2

袖口布 ×4（含内贴边布）

B3×4

后片 ×2

腰襻 ×4

S2×2

衽片 ×2

表布二

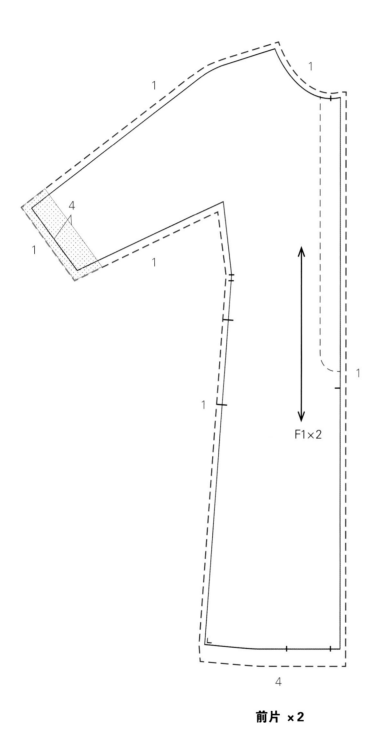

F1×2

前片 ×2

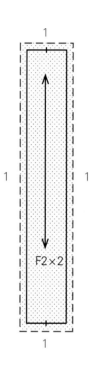

F2×2

暗门襟布 ×2

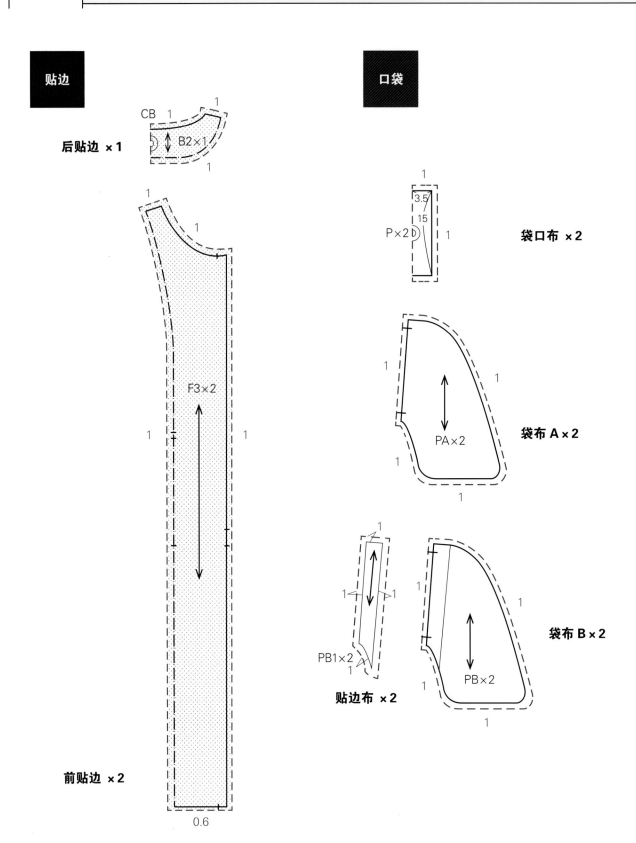

贴边

口袋

CB 1   1

后贴边 × 1

B2×1

前贴边 × 2

F3×2

0.6

1

3.5

P×2

15

袋口布 × 2

PA×2

袋布 A × 2

PB1×2

贴边布 × 2

PB×2

袋布 B × 2

里布一

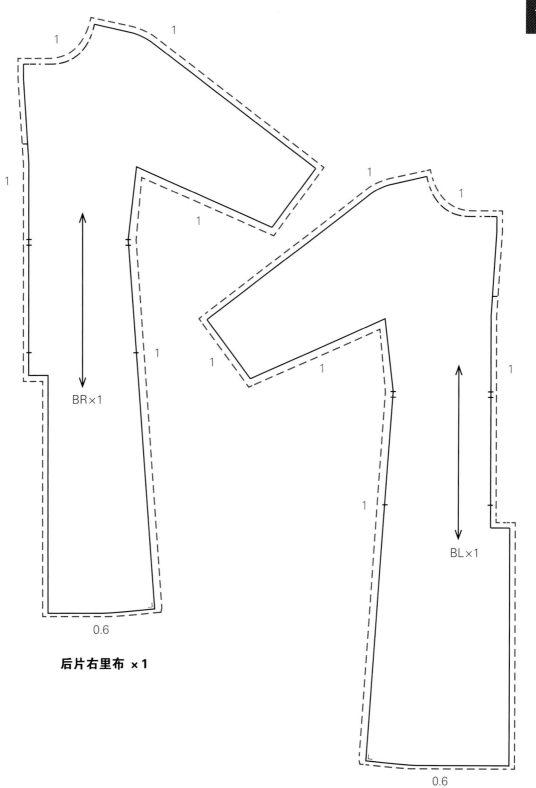

BR×1

0.6

后片右里布 × 1

BL×1

0.6

后片左里布 × 1

里布二

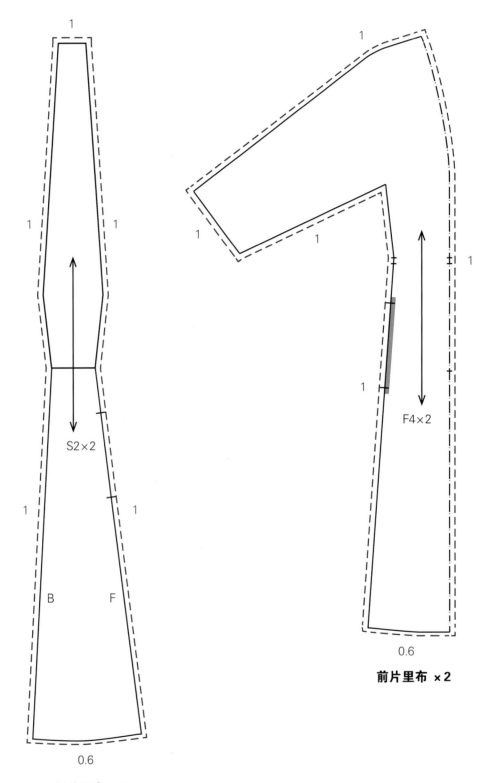

S2×2

F4×2

B   F

0.6

袒片里布 ×2

0.6

前片里布 ×2

Sewing · 缝制

正面

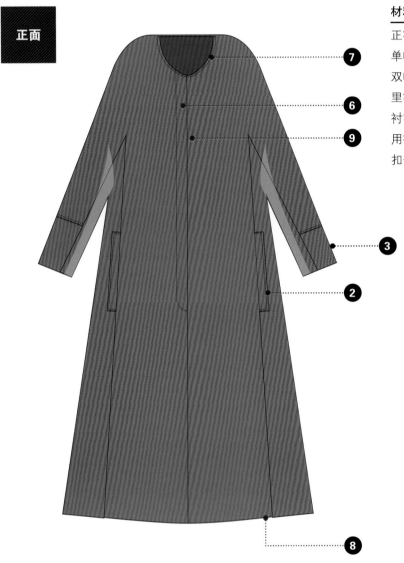

材料说明

正布（表布）：

单幅：（衣长＋缝份）×2＋（袖长＋缝份）

双幅：（衣长＋缝份）＋（袖长＋缝份）

里布：用布量比表布少33~50 cm

衬布：依照个人设计所需用衬量不同；全衬的

用衬量与表布同

扣子：前片中心5颗、襻带扣1颗

表布制作

❶ 车缝后片开衩

❷ 车缝口袋布

❸ 车缝袖口剪接线

❹ 车缝后片腰襻

❺ 前后片接缝长衩片(一起固定口袋
和腰襻)

❻ 车缝暗门襟

❼ 车缝领口贴边

❽ 车缝下摆

❾ 开扣眼+缝扣子

里布制作

1 车缝后中心开衩

2 前后片接缝长衩片

3 里布与表布贴边车缝

4 内部缝份固定(如袖下、胁边缝份)

5 表里布下摆+袖口手缝固定(下摆和袖
口亦可用车缝法制作)

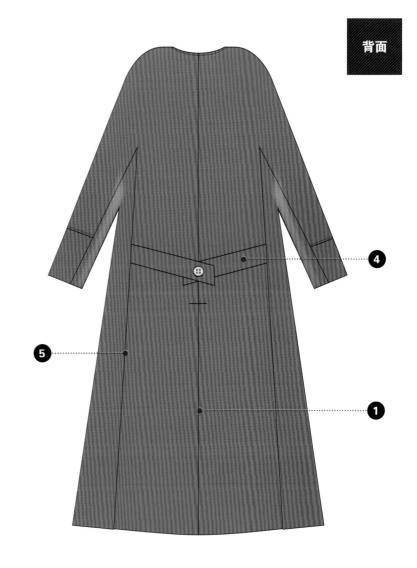

背面

《外套制作基础事典》郑淑玲著
中文简体字版©2020年由河南科学技术出版社有限公司出版
本书经城邦文化事业股份有限公司【麦浩斯出版】授权出版中文简体字版本
非经书面同意，不得以任何形式任意重制、转载。

著作权备案号：豫著许可备字－2019－A－0024

图书在版编目（CIP）数据

外套制作基础事典/郑淑玲著．—郑州：河南科学技术出版社，2020.7
ISBN 978－7－5349－9900－0

Ⅰ.①外…　Ⅱ.①郑…　Ⅲ.①外套－服装裁缝　Ⅳ.①TS941.714

中国版本图书馆CIP数据核字（2020）第046602号

出版发行：河南科学技术出版社
　　　　　地址：郑州市郑东新区祥盛街 27 号　　邮编：450016
　　　　　电话：（0371）65737028　65788618
　　　　　网址：www.hnstp.cn
策划编辑：李　洁
责任编辑：李　洁
责任校对：王晓红
封面设计：张　伟
责任印制：张艳芳
印　　刷：河南瑞之光印刷股份有限公司
经　　销：全国新华书店
开　　本：889 mm×1194 mm　1/16　印张：19　字数：500 千字
版　　次：2020 年 7 月第 1 版　　2020 年 7 月第 1 次印刷
定　　价：108.00 元

Fundamentals of Tailoring : Coats